ulmer

Rudi Beiser

HEILPFLANZEN FINDEN

DER BLITZKURS FÜR EINSTEIGER

Mit Illustrationen
von Daniel Stieglitz

Auf zum Heilpflanzensammeln

Wo suchen?

Ein sonniger Tag und es kann losgehen! Heilpflanzen finden Sie meist schon direkt vor der Haustür: Im eigenen Garten, auf den umliegenden Wiesen ... Verbinden Sie das Sammeln mit einem Ausflug, dann haben Sie gleichzeitig Erholung, frische Luft und ein volles Erntekörbchen.

Seite 4

Noch Fragen?

Sicher hat Sie beim Lesen dieses Büchleins die Heilpflanzen-Begeisterung gepackt! Hier finden Sie Buchempfehlungen und Tipps, wie Sie Ihr neues Hobby ausbauen können.

Seite 124

Was hilft wobei?

Der Hals kratzt und die Nase tropft. Jetzt können Ihre eigenen Heilmittel zum Einsatz kommen. Welcher Tee hilft am besten und wie wird er dosiert? Hier finden Sie zahlreiche Rezepte für Ihre persönliche Hausapotheke.

Seite 98

Kräuter richtig sammeln

Schönes Wetter und Sie haben Lust rauszugehen? Dann sollten Sie Ihre Sammelausrüstung dabei haben. Kaum unterwegs, entdecken Sie die erste Pflanze. Ist es eine Heilpflanze? Wann muss sie geerntet werden, damit darin möglichst viele Heilstoffe enthalten sind? Mit diesen Tipps ernten Sie die richtigen Heilkräuter zum besten Zeitpunkt!

Seite 10

Korb gefüllt – jetzt wird verarbeitet

Zuerst brühen Sie sich einen leckeren Tee aus frisch gesammelten Kräutern, dann werden die mitgebrachten Schätze verarbeitet. Wie wird richtig getrocknet und wie macht man aus dem Grünzeug eine Tinktur? So können Sie sich Heilpflanzenvorräte fürs ganze Jahr zulegen.

Seite 20

Das Who-is-Who der Besten

Hier gehen Sie auf Nummer sicher: Passt die gefundene Pflanze zu der Beschreibung im Buch? Ist die Sammelzeit optimal? Dann ab ins Körbchen! Und gleich mal nachlesen, bei welchen Beschwerden das Kräutlein helfen kann. Lernen Sie 35 heilsame Pflanzen, nach Blütenfarben sortiert, von ihrer besten Seite kennen!

Seite 26

Wo suchen?

Sie wachsen überall

Es ist wie im Paradies! Egal, ob Sie in der Stadt oder auf dem Land wohnen: Kaum draußen, schon treffen Sie auf die ersten Heilpflanzen. Ob Gänseblümchen oder Löwenzahn, fast alle „Unkräuter“ haben heilende Kräfte. Sie können sofort mit der kostenlosen Ernte beginnen.

Warum eigentlich Heilpflanzen sammeln?

Hunderttausende Jahre lang waren Heilkräuter das einzige Arzneimittel der Menschheit. Der Siegeszug der synthetischen Arznei begann erst vor etwa 100 Jahren. Aber warum sollten wir zurück in die Steinzeit? Die Regale der Apotheken sind doch voll mit wirksamen Heilmitteln! Ganz einfach: Selber Sammeln macht Spaß, verschafft uns Bewegung an der frischen Luft und entfernt uns vom Alltagsstress.

Wer hätte das gedacht: Das Gänseblümchen ist auch eine Heilpflanze!

Tee als Medizin ist Natur pur, vom Menschen seit Jahrtausenden erfolgreich genutzt, und garantiert frei von künstlichen Stoffen. Außerdem sind Tees und Tinkturen aus selbst gesammelten Pflanzen von unschlagbarer Qualität. Wenn es richtig gemacht wird, sind sie voller Wirkstoffe und besser als jedes gekaufte Produkt. Wie das geht, können Sie hier nachlesen.

Setzen Sie die Kräuterbrille auf!

Auf den ersten Blick ist alles einfach nur grün. Wenn Sie aber beginnen, sich für Pflanzen zu interessieren, werden Sie erstaunt sein, wie viele Heilkräuter um uns herum gedeihen. Beim Spaziergang, beim Joggen oder beim Radfahren warten immer neue Überraschungen auf Sie. Wenn Sie einmal Feuer gefangen haben, möchten Sie bald kaum noch ohne Bestimmungsbuch in die Natur gehen.

Beim Waldspaziergang begegnet Ihnen das Schmalblättrige Weidenröschen.

Jedem sein Zuhause

Heilpflanzen besiedeln unterschiedliche Lebensräume, so dass Sie bei einem Waldspaziergang nur einige der in diesem Buch beschriebenen Pflanzen entdecken werden. Hier finden Sie bestimmt Brennnesseln, Brombeeren, Goldrute und Weidenröschen. Aber ganz egal in welchem Lebensraum Sie Ihre Sammeltour beginnen, überall werden Sie fündig.
Im Garten wächst oft so manches Würzkraut oder Zierpflänzchen, das sich überraschend als Heilpflanze entpuppt: Rosmarin stärkt das Herz, Thymian wirkt wie ein Antibiotikum, die hübsche Ringelblume ist Balsam für die wunde Haut und der duftende Lavendel bringt angenehme Träume.
Selbst Pflanzen, die Sie bisher vielleicht als „Unkräuter" betrachtet haben, weil sie sich in Rasenflächen und auf Gartenwegen ausbreiten, verwandeln sich plötzlich in heilkräftige Pflanzen. Der Löwenzahn bekämpft Appetitlosigkeit und das Gänseblümchen bringt den Stoffwechsel in Schwung.
Auf Wiesen und an Wegrändern treffen Sie wieder auf andere Heilpflanzen. Hier finden Sie häufig den hustenstillenden Spitzwegerich oder die krampflösende Schafgarbe.

Wo darf man sammeln?

Wildpflanzen dürfen Sie beinahe überall sammeln, solange es ein großer Handstrauß oder ein Körbchen voll bleibt. Sie können direkt am Wohnort beginnen: im eigenen Garten oder auf der Rasenfläche. Hier gibt es natürlich keine Mengenbegrenzungen.

Nützliches mit Nützlichem verbinden

Am schönsten ist es, in der freien Natur zu sammeln, fernab von Lärm und Trubel, denn dort wird die Sammeltour zur reinen Erholung. Im Idealfall ziehen Sie mit Familie, Freunden oder Kindern los und erkunden die umliegenden Wiesen und Wälder.

Eine Ausnahme gibt es jedoch: In Naturschutzgebieten darf nicht gesammelt werden. Auch in den erlaubten Sammelgebieten lassen Sie natürlich immer genügend Pflanzen stehen, um den Fortbestand zu sichern. Nehmen Sie nur so viel mit nach Hause wie Sie auch verarbeiten können.

Viele Heilpflanzen, wie die Kamille, enthalten duftende ätherische Öle.

Aber bitte ohne Gift!

Heilpflanzen sollen uns gesund machen. Darum müssen sie so unbelastet wie möglich sein. Abgase und chemische Spritzmittel haben dabei nichts zu suchen. Halten Sie deshalb genügend Abstand zu stark befahrenen Straßen, gespritzten Feldern und Bahndämmen. Und noch ein ganz bestimmtes „Örtchen“ sollten Sie meiden: Die klassischen Gassi-Wege gehören besser nicht zu Ihrer Sammelroute.

Vorsicht Spritzmittel: Klatschmohn und Kamille wachsen häufig an Ackerrändern.

Zecken und Fuchsbandwurm

Es wird immer wieder vor zwei Gefahren gewarnt, die in der Natur auf uns lauern: Zecken und der Fuchsbandwurm. Das soll Ihnen jedoch nicht die Lust am Kräutersammeln verderben. Mit entsprechenden Maßnahmen sind Sie auf der sicheren Seite. In zeckenreichen Gegenden können Sie die kleinen Krabbeltiere mit Anti-Zeckenspray auf Distanz halten. Außerdem wird der Körper nach der Sammeltour gründlich abgesucht. Nicht gerade modisch, aber effektiv: Lange Hosen anziehen und von unten die Socken drüberziehen.

Der Fuchsbandwurm wird immer wieder mit wild gesammelten Kräutern und Beeren in Verbindung gebracht. Diese gefährliche Infektion ist allerdings äußerst selten. Neueste Erkenntnisse zeigen, dass kein Zusammenhang zwischen dem Genuss von Wildpflanzen und einem höheren Infektionsrisiko besteht. Inzwischen weiß man auch, dass die Infektion meist über Hunde und Katzen auf uns Menschen übertragen wird. Außerdem werden die Erreger bei Temperaturen über 60 Grad abgetötet, so dass sich das Problem beim Teeaufbrühen ohnehin erledigt.

Kräuter richtig sammeln

Jetzt kann's losgehen

Auch wenn uns der Sammeltrieb in den Genen sitzt, ein bisschen Know-How ist kein schlechter Rat. Ein paar Vorüberlegungen sollten Sie also anstellen, damit die Heilpflanzen in guter Qualität zu Hause ankommen und damit auch keine Giftpflanze im Körbchen landet.

Die Outdoor-Ausrüstung

Bevor es losgeht, stellen Sie Ihre Ausrüstung zusammen: **Schere oder Messer** zum Ernten oberirdischer Pflanzenteile, **Wurzelstecher** für Wurzeln sowie eventuell **Handschuhe** für stachelige Pflanzen. Als Transportbehälter eignen sich am besten luftige **Körbchen**, die nur locker bepackt werden, damit die Kräuter keine Druckstellen bekommen. Plastiktüten kommen nicht in Frage, denn darin beginnen die Kräuter zu schwitzen und sich zu zersetzen. Sie wollen schließlich beste Qualität nach Hause tragen! Ein **Bestimmungsbuch** vervollständigt die Sammelausrüstung, damit Sie bei jedem Fund wissen, mit wem Sie es zu tun haben.

Wie ernte ich richtig?

Die Auslese beginnt schon beim Sammeln. Am besten legen Sie die Pflanzen nach Arten getrennt in den Korb, so sparen Sie sich später viel Sortierarbeit beim Verarbeiten. Nur saubere und gesunde Heilpflanzen landen im Körbchen.

Vorsichtig ernten

Ernten Sie behutsam, denn alle Verletzungsstellen an den Pflanzenteilen führen zu Wirkstoffverlusten. Es ist wie bei einem angeschnittenen Apfel, der langsam braun wird und damit anzeigt, dass Vitamine verloren gehen.

Haben Sie eine Heilpflanze entdeckt, dann schauen Sie im Who-is-who-Kapitel ab Seite 26 nach, welche Pflanzenteile genutzt werden. Wenn Sie nur die Blüten benötigen, werden diese vor Ort vorsichtig abgezupft. Falls Sie eine Pflanze finden, von der Sie Blätter und Blüten oder nur Blätter benötigen, dann schneiden Sie die Pflanze eine Handbreit über dem Boden ab und erledigen die Zupfarbeit zuhause.

Beim Ernten der stacheligen Brombeerblätter sind Handschuhe ratsam.

Pflanzen näher kennenlernen

Wenn Ihnen eine Pflanze besonders sympathisch ist, dann versuchen Sie doch einmal mehr über sie zu erfahren. Es gibt nicht nur Bestimmungsbücher, um Heilpflanzen kennenzulernen. Heilpflanzen sind ein Teil der Menschheitsgeschichte. Dementsprechend gibt es unzählige spannende Themen: Wie wurden sie in früheren Zeiten angewendet? Welche Funktion hatten die hilfreichen Kräuter in Zauberei, Aberglaube und Brauchtum? Dazu gibt es wunderbare Heilpflanzenbücher, mit denen Sie Ihren Wissensdurst stillen können. Ab Seite 125 sind einige davon vorgestellt.

Sorgfältig bestimmen

Sie haben also Ihre erste Heilpflanze gefunden. Das Bild im Bestimmungsbuch lässt meist keinen Zweifel zu: Hier kann geerntet werden! Zum zuverlässigen Bestimmen benötigen Sie jedoch eindeutige Merkmale. Diese können Sie am Aussehen von Stängel, Blättern und Blüten überprüfen.

Step by Step

Die Pflanzen in diesem Buch sind nach Blütenfarben sortiert und so leicht auffindbar. Lesen Sie die Beschreibung aufmerksam durch und vergleichen Sie jedes Merkmal mit Ihrem Fund. Es ist gut, wenn Sie sich beim Sammeln zunächst auf wenige Arten konzentrieren; vor allem auf solche, die häufig vorkommen und sicher zu erkennen sind. Die in diesem Buch vorgestellten Pflanzen wurden so ausgewählt, dass eine Verwechslung mit Giftpflanzen nahezu unmöglich ist. Trotzdem gilt: Wenn Sie sich nicht ganz sicher sind, lassen Sie die Pflanze stehen!

Damit Sie sich ganz sicher sind

Jede Pflanzenart hat charakteristische Merkmale, an denen man sie eindeutig bestimmen kann. Diese typischen Kennzeichen finden sich an **Stängeln, Blättern und Blüten**. Um sie zu beschreiben, werden in den Bestimmungsbüchern bestimmte Fachbegriffe genutzt,

Expertenhilfe

Für Neulinge kann es sehr hilfreich sein, an einer geführten Heilpflanzen-Exkursion teilzunehmen und so einige Arten direkt am Naturstandort kennenzulernen.

Die Pfefferminze hat länglich-eiförmige Blätter mit gesägtem Blattrand.

von denen Sie einige kennen sollten. Auf der folgenden Doppelseite finden Sie die Begriffe in Fotos dargestellt, so dass Sie leicht damit arbeiten können.

Blätter und Blüten

Die **Formen der Blätter** können sehr vielgestaltig sein, z. B. länglich, oval oder gefiedert. Es gibt glatte oder gesägte **Blattränder** und auch die **Blattbehaarung** kann zur Bestimmung nützlich sein.

Ebenfalls wichtige Kennzeichen liefern die **Blüten**. Manche Pflanzen besitzen einzelne Blüten, aber oft sind auch mehrere Blüten zu einem charakteristischen **Blütenstand** vereinigt. Dann spricht man je nach Form von Dolden, Rispen oder Ähren.

Wenn Sie sich eine **Einzelblüte** genauer anschauen, werden Sie entdecken, dass sie sich in verschiedene Teile gliedert. Den unteren Kreis bilden die meist grünen Kelchblätter, die die Blüte im Knospenstadium schützend umschließen. Dann folgen die oft farbigen Blütenblätter und schließlich kommen die Staubblätter, die den Blütenpollen tragen. In der Mitte der Blüte befindet sich der Fruchtknoten mit Griffel und Narbe.

Die kleinen Lippenblüten der Pfefferminze stehen ährenartig an der Stängelspitze.

Erste Hilfe beim Identifizieren

Sie werden sehen: Sehr schnell bekommen Sie einen „mikroskopischen Blick“ für Ihre Pflanze: Hat sie Härchen am Stängel? Ist der Blattrand gekerbt oder ganzrandig? Wie viele Blütenblätter hat die Blüte? Hier finden Sie einige Pflanzenarten, die Ihnen viele verschiedene Merkmale zeigen.

Holunder

- Die Blätter sind gefiedert, also aus mehreren Einzelblättern zusammengesetzt.
- Die Einzelblätter sind eiförmig, der Blattrand gesägt.
- Viele kleine Einzelblüten bilden einen doldenartigen Blütenstand.
- Die Blütenblätter sind weiß, die Staubblätter gelb.

Gundermann

- Die Blätter sind rundlich bis herzförmig.
- Der Blattrand ist grob gekerbt.
- Die violetten bis blauen Lippenblüten sitzen über den oberen Blattpaaren.

Frauenmantel

- Die Blätter sind rundlich bis nierenförmig und 7- bis 11-fach gelappt.
- Der Blattrand ist gekerbt bis gezähnt.
- Die gelbgrünen Blüten stehen in knäuelartigen Rispen zusammen.

Gänseblümchen

- Die Blätter sind spatelförmig.
- Der Blattrand ist gekerbt.
- Die Blütenstände (Korbblüten) haben außen weiße Zungenblüten und innen kleine gelbe Röhrenblüten.

Blutwurz

- Die Blätter sind dreiteilig gefingert mit zwei zusätzlichen kleinen Nebenblättern.
- Der Blattrand ist grob gesägt bis gezähnt.
- Die Blüte besitzt vier eingebuchtete gelbe Blütenblätter und zahlreiche Staubblätter.

Nur reife Kräuter ins Körbchen

Eine grüne Erdbeere reizt nicht unseren Gaumen, weil ihr die typischen Aromen einer reifen Frucht fehlen. Heilkräuter werden zwar nicht rot, aber sie haben trotzdem einen Zeitpunkt, an dem die von uns gewünschten Heilstoffe in großer Zahl vorhanden sind. Das ist der optimale Erntezeitpunkt!

Wann sind Heilpflanzen reif?

Jede Pflanze hat ihren eigenen Ernte-Rhythmus. Einige wenige müssen vor der Blüte geerntet werden, damit sie viele Wirkstoffe bereithalten. Die meisten Kräuter werden für den Heilpflanzensammler erst interessant, wenn sie zu blühen beginnen. So haben beispielsweise alle Minzen bei Blühbeginn das stärkste Aroma und den schönsten Duft. Wurzeln werden erst geerntet, wenn sich die Pflanze im späten Herbst in den Boden zurückzieht. Mit einer kleinen Ausnahme: Löwenzahnwurzeln sind im März besonders gehaltvoll. Im Artenteil finden Sie unter „Sammelzeit" die optimalen Erntezeiten.

Ein Hoch auf die Langschläfer!

Die Produktion der Wirkstoffe in der Pflanze ist eng verbunden mit der Fotosynthese, diese wiederum mit dem Licht. Die Sonne ist der Garant für gute Heilpflanzen. Mithilfe des Sonnenlichtes produziert die Pflanze in ihrem „Chemielabor" jene Stoffe, die wir zum Heilen benötigen. Deshalb verändert sich während des Tages beständig der Wirkstoffgehalt in den Pflanzen.

Sie können nichts falsch machen, wenn Sie genüsslich ausschlafen. Denn vor 10 Uhr ist kaum eine Pflanze richtig auf Touren. Die beste Sammelzeit liegt grob über den Daumen gepeilt zwischen 10 und 16 Uhr. Später nehmen die Wirkstoffe wieder ab. Wie immer in der Natur gibt es einige Außenseiter: Königskerzen- und Klatschmohnblüten werden schon morgens um 9 Uhr gepflückt, denn mittags werden sie schlaff und fallen ab. Einige Pflanzen blühen erst in der Nacht. Deshalb müssen Sie bis 20 Uhr warten, um die leckeren gelben Blüten der Nachtkerze zu pflücken.

Die Blüten der Königskerze müssen schon frühmorgens gepflückt werden.

Regenschirm bleibt zuhause

Wie schön, dass Heilkräuter Sonnenkinder sind. Bei Regenwetter produzieren sie kaum Wirkstoffe. Nutzen Sie aber lieber Erntetage, die nicht zu heiß sind; ein leicht bewölkter Tag ist ideal. Denn wenn die Sonne richtig brennt, dann verdunsten die in den Pflanzen enthaltenen ätherischen Öle. Diese Duftstoffe der Pflanzen sind gleichzeitig wichtige Heilstoffe, und die wollen Sie ja mit nach Hause nehmen.

Rechtzeitig ernten

Manche Blüten verwelken schon wenige Stunden nach dem Aufblühen. Hier müssen Sie zur richtigen Zeit zur Stelle sein. Es gibt aber auch langlebige Blüten, bei denen Sie sich mit dem Pflücken einige Tage Zeit lassen können (Kamille, Ringelblume, Schafgarbe).

Korb gefüllt – jetzt wird verarbeitet

Die Ernte schonend verarbeiten

Hustentee benötigt man meist dann, wenn draußen keine frischen Kräuter mehr verfügbar sind. Aber Sie können Ihre Ernte so konservieren, dass Sie ganzjährig davon profitieren. Hier finden Sie Tipps, wie Sie die Pflanzenpower bestmöglich haltbar machen.

Kleine Konserven

Die geernteten Kräuter werden – möglichst ungewaschen – gleich nach dem Sammeln getrocknet. Stundenlanges Herumstehen schadet der Qualität. Der Trick: **Zerkleinern Sie die Kräuter nicht!** Sie lagern ja auch keine kleingeschnittenen Kartoffeln oder Äpfel im Keller ein, weil diese sonst verderben würden. Zwar verderben getrocknete Kräuter nicht, aber wenn sie kleingeschnitten werden, verlieren sie unglaublich viele Duft- und Heilstoffe. Ganze Blätter und ganze Blüten sind wie kleine Konserven, die die Wirkstoffe so lange aufbewahren, bis sie gebraucht werden.

Bei Pflanzen mit großen Blättern streifen Sie die Blätter von oben nach unten vom Stängel. Sind es Pflanzen mit nur kleinen Blättchen, dann können ganze Zweigstücke (etwa 10 cm lang) getrocknet werden.

Warm, schattig und luftig

Trocknen Sie die unzerkleinerten Blätter und Blüten an einem warmen und schattigen Ort. Direktes Sonnenlicht zerstört viele Wirkstoffe. Blätter, Blüten oder Zweige werden auf Trockenrahmen ausgebreitet. Solche Rahmen können Sie selbst herstellen. Als Bespannungsmaterial eignen sich dünner Baumwollstoff oder Fliegengaze. Sie können auch improvisieren: Legen Sie über einen Wäscheständer ein dünnes Baumwoll- oder Seidentuch und breiten Sie darauf Ihre gesammelten Schätze aus. Damit überall Luft dran kommt, wird locker aufgelegt, am besten Blatt an Blatt und Blüte an Blüte. Das Trocknen sollte möglichst schnell vonstatten gehen, damit die pflanzlichen Enzyme nicht mit der Zersetzungsarbeit beginnen können. Wenn der Tee nach einer Woche noch nicht trocken ist, sollten Sie ihn deshalb schnell im Backofen nachtrocknen: Das geht recht flott, aber die Temperatur darf nicht über 40 Grad steigen. Legen Sie ein Thermometer dazu und lassen Sie die Tür ganz leicht geöffnet, damit etwas Wärme und Feuchtigkeit aus dem Ofen entweichen können. Besonders für Wurzeln eignet sich die Ofenmethode. Sie werden in Scheiben geschnitten auf dem Backblech getrocknet. Selbstverständlich gibt es für die Kräutertrocknung auch elektrisch betriebene Haushaltsgeräte. Achten Sie auf schonende Trocknungstemperaturen unter 40 Grad. Richtig trocken sind die Kräuter, wenn sie zerbröselt werden können. Machen Sie die „Stängelprobe“: Wenn der Stiel eines Blattes oder eines Blütenköpfchens knackend bricht und nicht mehr biegsam ist, ist der Tee fertig!

Malvenblüten werden auf einem mit Gaze bezogenen Trockenrahmen ausgebreitet.

Schonend aufbewahren

Sind die Heilkräuter trocken, werden sie unzerkleinert abgefüllt. Sehr gut geeignet sind große Schraubgläser mit dichtem Verschluss. Darin ist der Tee vor Luftfeuchtigkeit und Lebensmittelmotten sicher. Wenn Sie keine Braungläser haben, dann bewahren Sie sie im dunklen Schrank auf, denn auch bei der Lagerung schadet Licht. Je kühler der Lagerort, desto besser die Haltbarkeit. Richtig gelagert können unzerkleinerte Kräuter 2 bis 3 Jahre aufbewahrt werden.
Nach dem Abfüllen werden die Gläser beschriftet, am besten mit dem Namen der Pflanze und dem Erntejahr.

Der guten Tinktur auf der Spur

Tee ist nicht das einzige Heilmittel, welches aus Pflanzen hergestellt werden kann. Sehr beliebt sind auch Tinkturen. Tinkturen sind alkoholische Auszüge. Sie sind besonders wirksam, da Alkohol hervorragend Wirkstoffe aus der Pflanze lösen kann. Die Herstellung ist einfach und preisgünstig. Verwenden Sie neutral

Durch Zerkleinern mit dem Mörser lösen sich die Heilstoffe besonders gut in der Tinktur.

schmeckende Spirituosen wie Wodka oder Korn. Nutzen Sie bei der Tinkturherstellung möglichst frische Pflanzen, sie sind gehaltvoller als getrocknete.
Schneiden Sie die frischen Pflanzen so klein wie möglich oder zermörsern Sie sie mit etwas Alkohol zu einem dickflüssigen Brei. Dann können die Wirkstoffe gut herausgelöst werden. In ein Schraubglas geben und vollständig mit Alkohol bedecken. Man benötigt etwa 30 g Pflanzen auf 100 ml Alkohol. Das verschlossene Glas bleibt eine Woche an einem warmen Platz stehen und wird mehrmals täglich umgerührt. Anschließend durch ein feines Sieb oder einen Kaffeefilter laufen lassen und in dunkle (Tropf-)Fläschchen abfüllen. Die Tinktur ist mindestens 2 Jahre haltbar. Es werden 3-mal täglich 10 bis 15 Tropfen eingenommen.

Wenn's schnell gehen soll

Wenn Sie schnell ein Hausmittelchen zur Hand haben wollen, dann nutzen Sie die Blitz-Methode:
Sie benötigen dazu einen Stand- oder Stabmixer. Mixen Sie die zerkleinerten Heilpflanzen mit dem Alkohol (30 g auf 100 ml) mindestens 3 Minuten lang. Durch das starke Zerschneiden und die heftige Bewegung werden die Wirkstoffe schnell und optimal herausgelöst. Das Ganze bleibt nun noch eine halbe Stunde stehen und wird dann gefiltert. Weil die Blitz-Tinktur sehr trübe ist, muss zunächst durch ein Feinsieb und dann durch einen Kaffeefilter oder ein Tuch abgesiebt werden.

Kräuterlikör

Aus einer Heilpflanzentinktur können Sie in Windeseile einen Kräuterlikör zaubern:
Dazu wird die Tinktur mit Zuckerlösung gesüßt. Diese stellt man sich im Verhältnis 1:1 aus Zucker und Wasser her (z. B. 200 ml Wasser und 200 g Zucker für 1 Liter Tinktur). Zucker wird im Wasser aufgelöst, kurz aufgekocht und abgekühlt zugefügt.

Brennnessel
Ringelblume

Das Who-is-who der Besten

Baldrian

Sammelzeit: Geerntet werden die Wurzeln von September bis Oktober. Gründlich waschen, in zentimetergroße Stückchen schneiden und in Heizungsnähe oder im Ofen trocknen.

Lieblingsort: An Bachufern, Gräben und auf feuchten Wiesen.

Kennzeichen: Bis zu 150 cm hohe Pflanze. **Stängel** ist rund, hohl und deutlich gefurcht. **Blätter** sind gefiedert, Teilblättchen stehen sich paarweise gegenüber, haben eine längliche Form und sind am Rand unregelmäßig gezähnt. **Blüten** weiß bis hellrosa, kleine trichterförmige Blüten stehen in schirmartigen Blütenständen. **Blüht** von Juni bis August.

Blatt

Wirkt ... entspannend, beruhigend und konzentrationsfördernd. Ein Tee oder eine Tinktur aus den Wurzeln ist hilfreich bei Stress, Schlafstörungen und Nervosität. Schmeckt und riecht etwas gewöhnungsbedürftig, deshalb mit Honig gesüßt trinken.

Im Mittelalter wurde Baldrian in Wein kredenzt, um die Liebe zweier Menschen anzufachen.

Rezept

Beruhigungsbad

- 100 g Baldrianwurzeln
- 1 Liter Wasser

Baldrian mit heißem Wasser übergießen und 10 Minuten ziehen lassen. Durch ein Sieb ins Badewasser gießen. Ideale Badetemperatur bei 37 °C, etwa 15 Minuten. Anschließend ruhen. Um die Wirkung zu verstärken, können Sie 5 Tropfen ätherisches Lavendelöl zugeben.

Extra Tipp

Aufgepasst beim Trocknen: Katzen werden vom Duft der getrockneten Wurzel magisch angezogen. Sie wälzen sich darin wie verrückt. Deshalb nur an Plätzen trocknen, wo Katzen keinen Zugang haben. Sonst gibt es Tee mit Katzenhaaren!

Schafgarbe

Sammelzeit: Geerntet wird das voll erblühte Kraut, am besten zur Mittagszeit. Schneiden Sie die oberen 15 cm der Blütenstände und streifen Sie Blüten und Blätter ab.

Lieblingsort: An Wegrändern, auf Wiesen und Weiden.

Kennzeichen: Bis zu 60 cm hohe Pflanze mit aromatischem Duft. **Stängel** ist kantig und behaart. **Blätter** federähnlich aus vielen Einzelblättchen zusammengesetzt, diese sind in sich nochmals geteilt (mehrfach gefiedert) und haben spitz zulaufende Enden. **Blüten** bilden doldenähnlichen Blütenstand, bestehen aus 4–6 weißen bis hellrosa Zungenblüten und gelblichen Röhrenblüten. **Blüht** von Juni bis Oktober.

Blätter

Wirkt … krampflösend, entzündungshemmend, wundheilend und blutstillend. Tee und Tinktur werden gerne bei Magen-Darmstörungen und zur Versorgung kleiner Wunden genommen. Schafgarbe besitzt auch eine menstruationsregulierende Wirkung.

In der griechischen Antike war Schafgarbe ein wichtiges Wundheilkraut, mit dem die blutenden Kampfwunden der Krieger verarztet wurden.

Rezept

Sitzbad bei Menstruationsbeschwerden

- 50 g Schafgarbenblüten
- 50 g Kamillenblüten
- 1 Liter Wasser

Blüten mit heißem Wasser übergießen und 10 Minuten ziehen lassen. Durch ein Sieb ins Badewasser gießen. Ideale Badetemperatur bei 37 °C. Achten Sie darauf, dass Sie bis zum Bauchnabel im Wasser sitzen.

Extra Tipp

Wenn Sie empfindliche Haut haben, sollten Sie beim Pflücken der Schafgarbe Handschuhe tragen. In seltenen Fällen kann sie in Verbindung mit Sonnenlicht Hautreizungen (Wiesendermatitis) hervorrufen.

Taubnessel Weiße Taubnessel

Sammelzeit: Ernten Sie den oberen, blühenden Teil der Pflanze, am besten mittags. Blüten und Blätter anschließend vom Stängel streifen.

Lieblingsort: Auf Brachland sowie an Wald- und Wegrändern.

Kennzeichen: Die häufig anzutreffende Pflanze wird bis zu 50 cm hoch. **Stängel** ist vierkantig und hohl. **Blätter** brennnesselartig, herzeiförmig, behaart und am Rand gesägt. **Blüten** cremeweiß, stehen quirlförmig in den Achseln der oberen Blätter. **Blüht** von April bis September.

Blätter brennnesselähnlich

Wirkt … vor allem zusammenziehend, entzündungshemmend, schleimlösend und stoffwechselanregend. Den Tee nutzt man bei Husten, zum Gurgeln bei Entzündungen im Mund und für Umschläge bei Entzündungen der Haut. Eine lange Tradition hat die Taubnessel auch bei Menstruationsbeschwerden und bei Einschlafstörungen. Im Mittelalter galt sie als Pflanze, die das Herz fröhlich macht und die Lebensgeister weckt. Das sind doch gute Aussichten!

Rezept

Ein Tee zum Relaxen

- 2 Teile ausgezupfte Taubnesselblüten
- 2 Teile Melissenblätter
- 1 Teil Lindenblüten

Tee zerkleinern und 2 TL davon in eine große Tasse geben. Heißes Wasser darüber gießen und 5 Minuten ziehen lassen. Der ideale Tee zum Entspannen, ohne müde zu werden.

Extra Tipp

Die ausgezupften, süßlich schmeckenden Blüten sind eine schöne Dekoration für Salate und Süßspeisen. Kinder saugen gerne den süßen Nektar aus den Blütenröhren.

Melisse

Sammelzeit: Ende Mai. Ernten Sie die Blätter unbedingt, bevor die Pflanze zu blühen beginnt, sonst geht die Heilwirkung verloren. Schneiden Sie Melisse mittags eine Handbreit über dem Boden ab und streifen Sie die Blätter vom Stängel.

Lieblingsort: Melisse wird in Gärten kultiviert. Nach dem ersten Schnitt Ende Mai kann sie im Sommer noch ein zweites Mal geerntet werden.

Kennzeichen: Die bis 80 cm hohe Pflanze duftet zitronig. **Stängel** ist vierkantig. **Blätter** stehen sich paarweise gegenüber, sind länglich-eiförmig und am Rand kerbig gesägt. **Blüten** unscheinbar und weißlich, sitzen quirlartig über den oberen Blattpaaren. **Blüht** von Juni bis August.

Blüten

Wirkt ... beruhigend, entspannend, krampflösend und verdauungsfördernd. Tee und Tinktur helfen bei allen nervösen Beschwerden: Einschlafstörungen, Unruhe, Stress sowie nervöse Magen- und Herzbeschwerden.
Die südländische Melisse wurde von italienischen Benediktiner-Mönchen über die Alpen gebracht.

Rezept

Die Mischung macht's

Steuern Sie die Heilwirkung der Melissenblätter durch Kombination mit anderen Pflanzen:
Schlaftee: 2 Teile Melisse, 1 Teil Lavendel, 1 Teil Hopfen
Magentee: 2 Teile Melisse, 1 Teil Pfefferminze, 1 Teil Kamillenblüten
Herztee: 2 Teile Melisse, 1 Teil Weißdornblätter, 1 Teil Rosenblüten

Extra Tipp

Sind Sie mit Lippenherpes geplagt? Dann tupfen Sie, sobald die Bläschen auftreten, mehrmals täglich frischen Melissensaft auf die Lippen. Pflanzensaft tritt schon aus, wenn Sie die Blätter zwischen den Handflächen zerreiben.

Brombeere

Sammelzeit: Geerntet werden nur die jungen Blätter von April bis Juni. Handschuhe sind eventuell hilfreich, denn auch die Blätter sind bestachelt. Ernten Sie am frühen Nachmittag.

Lieblingsort: An Waldrändern, Lichtungen und Hecken.

Kennzeichen: Kräftig bestachelter Strauch mit langen, überhängenden Trieben. **Stängel** ist rund mit vielen gebogenen Stacheln. **Blätter** bestehen aus 3–7 eiförmigen Teilblättchen mit gesägtem Rand, oben sind sie grün und unten weißfilzig behaart. **Blüten** weiß bis hellrosa, in Rispen. **Blüht** von Juni bis August. Die schwarzen **Beeren** sind ein vitaminreicher Hochgenuss.

Wirkt … zusammenziehend und entzündungshemmend. Den Tee nimmt man deshalb als Gurgelmittel bei Entzündungen in Mund und Rachen. Genutzt wird er auch bei Durchfallerkrankungen und zur Wundwaschung. Früher glaubte man, wer durch die dornigen Hecken kriecht, könne daran Krankheiten abstreifen. Stattdessen hat man sich wohl eher einige Kratzer geholt …

Rezept

Gurgel-Mischung bei Halsentzündung

- 2 Teile Brombeerblätter
- 1 Teil Kamillenblüten
- 1 Teil Salbeiblätter

Tee zerkleinern und 2 TL davon in eine große Tasse geben. Mit heißem Wasser aufgießen, 10 Minuten ziehen lassen und abgekühlt damit gurgeln. Besonders hilfreich, wenn sich der Hals heiß und geschwollen anfühlt.

Extra Tipp

Brombeerblätter können Sie auch einfach nur genießen, denn sie erinnern mit ihrem mild-würzigen Aroma etwas an Schwarztee. Für Genusszwecke darf der Tee allerdings nicht länger als 5 Minuten ziehen.

Weißdorn

Sammelzeit: Ernten Sie Blüten und Blätter während der Blütezeit. Am besten nachmittags, dann ist der Wirkstoffgehalt optimal.

Lieblingsort: In Hecken, an Waldrändern und auf Waldlichtungen.

Kennzeichen: Der Strauch wird bis zu 6 m hoch. **Zweige** sind mit langen, spitzen Dornen besetzt. **Blätter** sind 3–7-fach tief gelappt und auf der Oberfläche glänzend. **Blüten** haben 5 weiße Blütenblätter, riechen etwas unangenehm und stehen in doldenähnlichen Rispen zusammen. **Blüht** von Mai bis Juni.

Blätter und Früchte

Wirkt … vor allem herzstärkend, indem es die Leistungskraft des Herzens erhöht. Außerdem wird die Durchblutung der Herzkranzgefäße gesteigert und der Blutdruck reguliert. Die ideale Pflanze für das Altersherz. Genutzt werden Tee und Tinktur.

Im Mittelalter war Weißdorn eine wichtige Heckenpflanze, die wegen ihrer Stacheln als schützender Zaun um Hof und Garten gepflanzt wurde.

Rezept

Tropfen fürs schwache Herz

- 30 g Weißdornblätter und -blüten
- 10 g Melissenblätter
- 150 ml Wodka oder Korn

Frische Kräuter fein zerkleinern und mit Alkohol übergießen, so dass alles bedeckt ist. 1 Woche ziehen lassen, täglich umrühren und abfiltern. 3-mal täglich 20 Tropfen einnehmen.

Extra Tipp

Weißdornmedikamente erreichen erst nach längerer Einnahmezeit eine optimale Wirksamkeit. Die Wirkung baut sich langsam auf. Deshalb sollten Sie Weißdorn kurmäßig über mehrere Monate einnehmen. Tinkturen sind wirksamer als Tee.

Holunder Schwarzer Holunder

Sammelzeit: Geerntet werden die voll aufgeblüten Blüten. Schneiden Sie die ganzen Dolden mit möglichst wenig Stängelanteil ab. Beste Erntezeit ist mittags. Die schwarzen Beeren werden in der Vollreife ab August geerntet.

Lieblingsort: An Waldrändern, in Hecken und Gärten.

Kennzeichen: Der Strauch kann 7 m hoch werden. **Zweige** sind mit weißem Mark gefüllt. **Blätter** sind gefiedert, die 5–7 Teilblättchen sind eiförmig und am Rand gesägt. **Blüten** stehen doldenartig zusammen, sie sind cremeweiß und haben gelbe Staubbeutel. **Blüht** von Mai bis Juni.

Aufgepasst!

Zwerg-Holunder

Schwarzer Holunder kann mit zwei schwach giftigen Verwandten verwechselt werden: **Zwergholunder** wird höchstens 150 cm hoch und hat aufrecht stehende Blütenstände mit purpurnen Staubbeuteln. **Traubenholunder** hat traubenförmige Blütenstände und rote Beeren.

Traubenholunder

Wirkt … schweißtreibend, schleimlösend und stärkt die Abwehrkräfte. Der Tee ist deshalb ideal bei fiebrigen Erkältungen und Husten. Weil er den Stoffwechsel anregt, wird er auch bei Hautunreinheiten getrunken. Die Beeren sind sehr vitaminreich. Roh sind sie leicht giftig!

Rezept

Schwitztee

- 2 Teile Holunderblüten
- 1 Teil Lindenblüten

Tee zerkleinern und 2 TL in eine große Tasse geben. Heißes Wasser dazu und 5 Minuten ziehen lassen. Bei Erkältungen möglichst heiß trinken, ins Bett legen und schwitzen. Ideal auch kurz vor dem Saunieren.

Die herb-fruchtigen Holunderbeeren eignen sich vorzüglich für Saft und Gelee. Mischen Sie zur Verfeinerung etwas Birnen- oder Apfelsaft dazu. Aus dem Saft können Sie durch Zugabe von Gewürzen einen alkoholfreien Glühwein herstellen. Beeren nicht roh essen!

Gänseblümchen

Sammelzeit: Ernten Sie die geöffneten Blüten während der Blütezeit. Sie können auch Blätter verwenden. Diese wachsen sehr nah am Boden; achten Sie darauf, saubere zu erwischen. Optimale Erntezeit ist mittags.

Lieblingsort: Auf Wiesen, Weiden und Rasenflächen.

Kennzeichen: Die Pflanze wird bis 15 cm hoch. **Stängel** ist rund und behaart. **Blätter** sind spatelförmig und am Rand gekerbt. **Blüten** haben außen weiße bis zart rötliche Zungenblüten und innen gelbe Röhrenblüten. **Blüht** fast ganzjährig von März bis November.

Wirkt ... stoffwechselanregend, harntreibend und schleimlösend. Tee und Tinktur nutzt man deshalb zu Frühjahrskuren, bei Hautunreinheiten und Husten. Kleine Verletzungen, Insektenstiche und Prellungen können Sie mit dem Saft der frisch zerquetschten Blätter lindern. Man nennt das Blatt deshalb auch „Wiesenpflaster“.
Früher glaubte man, wer im Frühling die ersten drei Gänseblümchen isst, bleibt das ganze Jahr gesund.

Blätter und Blüten

Rezept

Hustentee von der Wiese

- 2 Teile Spitzwegerichblätter
- 2 Teile Gänseblümchenblüten
- 1 Teil Gundermannkraut
- 1 Teil Rotkleeblüten

Tee zerkleinern und 2 TL davon in eine große Tasse geben. Mit heißem Wasser aufgießen und 5 Minuten ziehen lassen. Mit etwas Honig gesüßt erhöht sich die Wirksamkeit.

Junge Gänseblümchen-
blätter schmecken mild
feldsalatähnlich und eignen
sich gut für Salate und
Suppen. Die Blüten sind
eine essbare Dekoration für
belegte Brote und Salat.

Kamille Echte Kamille

Sammelzeit: Ernten Sie die Blüten, wenn der gelbe Blütenboden stark gewölbt ist und die weißen Zungenblüten sich nach unten senken. Mittags sind die meisten Wirkstoffe enthalten.

Lieblingsort: An Acker-, Weg- und Straßenrändern.

Kennzeichen: Die Kamille wird 20–50 cm hoch und duftet aromatisch. **Stängel** ist kahl und stark verzweigt. **Blätter** sind schmal, spitz und tief geteilt. **Blüten** aus gelben Röhrenblüten und weißen Zungenblüten, der kegelförmige Blütenboden ist innen hohl. **Blüht** von Mai bis August.

Aufgepasst! Die Echte Kamille unterscheidet sich von nicht heilwirksamen Kamillearten durch den hohlen Blütenboden. Indem Sie eine Blüte aufschneiden, können Sie dies leicht überprüfen.

Hohler Blütenboden

Wirkt ... beruhigend, krampflösend, entzündungshemmend und wundheilend. Tee und Tinktur helfen bei Magen-Darm-beschwerden und Menstruationskrämpfen. Äußerlich nutzt man die Kamille zum Inhalieren oder Gurgeln bei Entzündungen der Schleimhäute in Mund und Rachen, aber auch zur Wundreinigung.

Rezept

Bauchwehtee

- 3 Teile Kamillenblüten
- 1 Teil Ringelblumenblüten
- 1 Teil Fenchelfrüchte

Blüten zerkleinern, Fenchel mörsern und 2 TL davon in eine große Tasse geben. Heißes Wasser dazu und 7 Minuten ziehen lassen. 3-mal täglich eine Tasse.

In der Antike galt die Kamille als „Arzt der Pflanzen“. Man wusste damals schon, dass Heilpflanzen nicht nur uns Menschen, sondern auch kranken Pflanzen zur Seite stehen können. Nutzen Sie deshalb die Kamille als Mischkulturpflanze in Ihrem Garten oder besprühen Sie kränkelnde Pflanzen mit Kamillentee.

Ringelblume

Sammelzeit: Ernten Sie ab Juni die ganzen Blütenköpfchen etwa zweimal wöchentlich. Beste Tageszeit ist nachmittags. Ringelblumen haben einen klebrigen Saft, weshalb Handschuhe sinnvoll sind.

Lieblingsort: Ringelblumen werden in Gärten kultiviert. Je öfter die Blüten gepflückt werden, desto länger ist die Blühperiode.

Kennzeichen: Die Ringelblume wird bis 70 cm hoch. **Stängel** ist kantig und filzig behaart. **Blätter** sind lanzettlich, behaart und am Rand mit kurzen Wimpern besetzt. **Blütenköpfchen** sind große Körbchen mit zahlreichen orangen oder gelben Zungenblüten. **Blüht** von Juni bis September.

Blütenfarben

Wirkt … wundheilungsfördernd, entzündungshemmend und antibakteriell. Deshalb wird sie vor allem in Form von Salben und verdünnter Tinktur als Wundmittel eingesetzt. Die Ringelblume sorgt dabei für raschen Wundverschluss. Tee ist hilfreich bei Magen-Darm-beschwerden und zum Gurgeln bei Entzündung der Mundschleimhäute.

Rezept

Ringelblumenöl

- 30 g frische oder 20 g getrocknete Ringelblumen
- 250 ml Olivenöl

Ringelblumen zerkleinern, in ein Glas geben und mit Öl übergießen. Etwa 10 Tage an einen warmen Platz stellen. Abfiltern und in dunklen Fläschchen aufbewahren. Ein Heilöl, das sich zur Versorgung kleiner Wunden und zur Babypflege eignet.

Extra Tipp

In offene Wunden keine Salben einbringen, denn sie behindern den Wundverschluss. Besser sind Umschläge mit Ringelblumentee, dem Ringelblumentinktur zugefügt wurde (200 ml Tee + 2 TL Tinktur). Umschläge 10 Minuten auf die Wunde legen und diese Prozedur mehrmals täglich wiederholen.

Löwenzahn

Sammelzeit: Geerntet werden die Blätter und die Wurzeln. Die Wurzeln sind im März am heilkräftigsten, die Blätter können ganzjährig gesammelt werden. Die Blüten eignen sich auch für Tee, allerdings nicht getrocknet.

Lieblingsort: Auf Wiesen, Weiden und an Wegrändern.

Kennzeichen: Die bis 40 cm hohe Pflanze enthält weißlichen Milchsaft. **Stängel** ist hohl und blattlos. **Blätter** sind unbehaart, länglich und unregelmäßig grob gelappt und gezähnt. **Blütenköpfchen** bestehen aus einem Körbchen mit vielen gelben Zungenblüten. **Blüht** von April bis Juni.

Wirkt ... verdauungsfördernd, harntreibend und stoffwechselanregend. Tee oder Tinktur werden deshalb gerne zu blutreinigenden Frühjahrskuren genommen. Außerdem lindert Löwenzahn Verdauungsbeschwerden und rheumatische Erkrankungen.

Kinder nutzen damals wie heute die gelben Blütenköpfchen als Puderquaste, um sich zu schminken. Nach der Blüte werden die kleinen Fallschirme mit großem Eifer in die weite Welt gepustet.

Blätter

Rezept

Leber-Galle-Tee

- 2 Teile Löwenzahnblätter
- 1 Teil Pfefferminzblätter
- 1 Teil Beifußblüten und -blätter

Tee zerkleinern und 2 TL in eine große Tasse geben. Heißes Wasser dazu und 7 Minuten ziehen lassen. 3-mal täglich eine Tasse trinken. Schmeckt etwas bitter, bringt aber den Gallenfluss in Schwung.

Extra Tipp

Bereichern Sie im Frühling Ihren Blattsalat mit jungen Löwenzahnblättern. Sie schmecken chicoreeartig, leicht bitter. Die ungeöffneten Blütenknospen sind als Gemüse gedünstet eine rosenkohlartige Delikatesse.

Goldrute Gewöhnliche Goldrute

Sammelzeit: Ernten Sie Blätter und Blüten bei Blühbeginn. Das heißt, erst ein kleiner Teil der Blüten am Stängel ist aufgeblüht. Schneiden Sie die oberen 15 cm und streifen Sie Blätter und Blüten ab. Beste Erntezeit ist nachmittags.

Lieblingsort: In lichten Wäldern und an Waldrändern.

Kennzeichen: Die Pflanze wird 50–100 cm hoch. **Stängel** ist rund, behaart, unten rötlich gefärbt und innen mit Mark gefüllt. **Blätter** sind schmal-lanzettlich und am Rand gesägt. **Blüten** sind als Rispe angeordnet, kleine goldgelbe Korbblütchen mit 6–12 Zungenblüten. **Blüht** von Juli bis September.

Kanadische Goldrute (siehe Extra Tipp)

Wirkt ... harntreibend, antibiotisch und entzündungshemmend. Tee und Tinktur nutzt man deshalb bei entzündlichen Erkrankungen der Harnwege und Nieren. Goldrute ist sogar wirksam bei Harnsteinen und Nierengrieß. Auch zur Behandlung rheumatischer Beschwerden kann sie eingesetzt werden.
Unsere Vorfahren nutzten die Goldrute äußerlich zur Wundversorgung.

Rezept

Blasen- und Nierentee

- 2 Teile Goldrute
- 2 Teile Brennnesselblätter
- 1 Teil Birkenblätter
- 1 Teil Kamillenblüten

Tee zerkleinern und 2 TL in eine große Tasse geben. Heißes Wasser dazu und 10 Minuten ziehen lassen. 3-mal täglich eine Tasse. Schmeckt etwas bitter, aber wirkt gewaltig. Zusätzlich auf reichlich Flüssigkeitszufuhr achten!

Extra Tipp

Blutwurz hat, wie der Name verspricht, eine ausgesprochene Färbewirkung. Deshalb setzt man in einigen Regionen mit der Wurzel einen rotfärbenden Schnaps an, der als Hausmittel sehr beliebt ist.

Gänsefingerkraut

Sammelzeit: Ernten Sie die Blätter während der Blütezeit. Sie wachsen direkt am Boden; achten Sie deshalb darauf, saubere zu pflücken. Optimale Erntezeit ist mittags.

Lieblingsort: Auf Wiesen, Weiden und an Wegrändern.

Kennzeichen: Die am Boden kriechende Pflanze wird bis 15 cm hoch. **Stängel** ist rötlich überlaufen. **Blätter** sind gefiedert, oberseits grün, unten silbrig weiß behaart, am Rand tief gesägt. **Blüten** stehen am Ende eines blattlosen Stiels, 5 rundliche, goldgelbe Blütenblätter. **Blüht** von Mai bis August.

Blätter wachsen am Boden

Wirkt ... krampflösend, entzündungshemmend und zusammenziehend. Tee und Tinktur nimmt man deshalb bei krampfhaften Menstruationsbeschwerden, Magenkrämpfen und Durchfallerkrankungen. Als Gurgelmittel nutzt man es, wenn Zahnfleisch oder Mundschleimhaut entzündet sind.

Gänsefingerkraut wächst gerne auf verdichteten, gut gedüngten Böden. Deshalb kam es früher häufig auf Weiden vor, wo Gänse gehalten wurden. So entstand der Name.

Rezept

Altüberliefertes Rezept bei Menstruationskrämpfen

- 2 TL Gänsefingerkraut
- 1 TL Schafgarbenblüten
- 1/4 Liter Milch

Tee zerkleinern und in einen Topf geben. Mit 1/4 Liter Milch aufgießen, bis zum Sieden erhitzen, vom Herd nehmen und 5 Minuten ziehen lassen. Abgießen und mit etwas Honig süßen. Besonders wirksam mit frischen Pflanzen!

Extra Tipp

Junge Blättchen können Sie im Frühjahr auch für Salat nutzen. Sie schmecken mild säuerlich. Nach der Blüte werden sie aber sehr herb und eignen sich dann nur für Heilzwecke.

Johanniskraut

Sammelzeit: Ernten Sie das voll erblühte Kraut, indem Sie die oberen 15 cm mit Blättern und Blüten abschneiden. Blätter und Blüten abstreifen oder ganze Zweige trocknen. Mittags sind die meisten Wirkstoffe enthalten.

Lieblingsort: An Wegrändern, sonnigen Böschungen und mageren Wiesen.

Kennzeichen: Die Staude wird 30–80 cm hoch. **Stängel** ist kahl, rundlich und hat zwei sich gegenüberliegende kantige Längsleisten. **Blätter** sind oval-länglich, stehen sich paarweise gegenüber und sind durchsichtig punktiert. **Blüten** leuchtend gelb, 5 Blütenblätter, beim Zerreiben färben sie dunkelrot. **Blüht** von Juni bis September.

Wirkt … antidepressiv, entzündungshemmend und wundheilungsfördernd. Tee und Tinktur sind hilfreich bei depressiver Verstimmung, Unruhe und Angstzuständen. Äußerlich nutzt man das Johanniskrautöl bei Wunden, Verbrennungen und Sportverletzungen. Johanniskraut galt früher als ausgesprochen zauberkräftig. Teufel und Hexen, aber auch Gewitter konnten damit ferngehalten werden.

Rezept

Johannisöl

> 30 g frisches Johanniskraut (Blätter und Blüten)
> 250 ml Olivenöl

Kraut ganz klein schneiden, in ein Glas füllen und mit Öl übergießen. Mit dünnem Tuch oder Fliegengaze verschließen und 10 Tage an einen warmen Ort stellen. Abfiltern und in dunkle Fläschchen füllen. 1 Jahr haltbar.

Extra Tipp

Johanniskrautblüten färben nicht nur das Johanisöl wunderschön rot. Sie können damit auch Likör oder Essig einfärben, indem Sie die frischen Blüten einige Tage darin ziehen lassen.

Königskerze Großblütige Königskerze

Sammelzeit: Ernten Sie die Blüten ab Juni vormittags, denn mittags werden sie schlaff. Schnelles Trocknen im Backofen (Seite 23) sorgt für schöne Farbe. Hinterher unbedingt luftdicht lagern, sonst verderben sie schnell.

Lieblingsort: An Bahndämmen, Wegrändern und Böschungen.

Kennzeichen: Die Pflanze kann bis 2,50 m hoch werden. **Stängel** ist rund und behaart. **Blätter** sind filzig behaart, länglich-lanzettlich und am Rand gekerbt. **Blüten** bestehen aus 5 hellgelben, verwachsenen Blütenblättern; 3 wollig behaarte und 2 kahle Staubbeutel. **Blüht** von Juni bis August. Es gibt verschiedene Königkerzenarten, teils mit sehr kleinen Blüten. Sie sind alle nutzbar!

Ganze Pflanze

Wirkt ... reizlindernd und hustenlösend. Der Tee wird getrunken bei Bronchitis, Reizhusten und Heiserkeit. Wegen des süßlichen Geschmacks eignet er sich gut für Kinder. Als es noch keine Streichhölzer gab, wurden die filzigen Blatthärchen als leichtentzündlicher Zunder genutzt, um Feuer zu entfachen.

Rezept

Königskerzen-Hautöl

- 30 g frische Königskerzenblüten
- 250 ml Olivenöl

Königskerzen in ein Glas füllen und mit Öl übergießen. Mit dünnem Tuch verschließen und 10 Tage an einen warmen Ort stellen. Abfiltern und in dunkle Fläschchen füllen. Für kleine Wunden und Hautreizungen.

Extra Tipp

Gießen Sie Königskerzentee durch ein ganz feines Sieb oder einen Papierfilter ab, denn die feinen Härchen der Staubbeutel können empfindliche Menschen im Hals reizen.

Frauenmantel

Sammelzeit: Ernten Sie Blätter und Blüten während der Blütezeit. Sorgfältig auslesen, da die bodennahen Blätter oft verschmutzt sind. Optimale Erntezeit ist der frühe Nachmittag.

Lieblingsort: Auf Wiesen und Weiden in gebirgigen Lagen.

Kennzeichen: Die Pflanze wird bis 60 cm hoch. **Stängel** ist dicht behaart. **Blätter** sind rundlich-nierenförmig und wie ein Fächer gefaltet, gelappt und am Rand gekerbt bis gezähnt. **Blüten** sind unscheinbar gelblich grün, stehen in Knäueln vereinigt. **Blüht** von Mai bis September.

Blüten

Wirkt ... zusammenziehend, krampflösend und entzündungshemmend. Tee und Tinktur nutzt man deshalb zu Mundspülungen und bei Durchfallerkrankungen. In der Frauenheilkunde sehr geschätzt bei Menstruationsstörungen und Wechseljahresbeschwerden. Die Gartenart (*Alchemilla mollis*) gilt als etwas weniger wirksam. Dem Wasser, das sich am Blattgrund als „Tau“ sammelt, sagte man im Mittelalter magische Kräfte nach. Alchemisten nutzten es für den Versuch, Gold herzustellen.

Rezept

Menstruations-Tee (bei schmerzhafter Menstruation)

- 2 Teile Frauenmantel
- 1 Teil Kamillenblüten
- 1 Teil Gänsefingerkraut
- 1 Teil Schafgarbe

Tee zerkleinern und 2 TL davon in eine große Tasse geben. Mit heißem Wasser aufgießen und 5 Minuten ziehen lassen. 1 Woche vor der erwarteten Blutung 3-mal täglich 1 Tasse trinken.

Extra Tipp

Frauenmanteltee ist ein vorzügliches Gesichtswasser bei großporiger oder aknegeplagter Haut. Kochen Sie dazu eine Tasse Tee und geben Sie zur Verstärkung 1 TL Frauenmantel-Tinktur dazu. Nicht länger als drei Tage aufheben.

Klatschmohn

Sammelzeit: Ernten Sie die zarten Blüten ab Mai immer vormittags, denn sie fallen schon nach wenigen Stunden ab. Je schneller sie trocknen, desto besser halten sie ihre rote Farbe.

Lieblingsort: An Acker- und Wegrändern.

Kennzeichen: Die bis 90 cm hohe Pflanze enthält weißlichen Milchsaft. **Stängel** ist borstig behaart. **Blätter** sind behaart, länglich, tief eingeschnitten und am Rand grob gesägt. **Blüten** bestehen aus 4 scharlachroten Blütenblättern, am Grund oft schwarz gefleckt, blauschwarze Staubbeutel. **Blüht** von Mai bis August.

Wirkt ... beruhigend und reizlindernd. Der Tee wird in der Volksheilkunde getrunken bei Schlafstörungen, bei Reizhusten und Heiserkeit. Gerne wird er Teemischungen beigefügt, weil er unglaublich färbt.
Der Name Klatschmohn kommt daher, dass man sich die Blütenblätter auf Hand oder Stirn legte und mit der anderen drauf schlug. Dabei dachte man an die geliebte Person. Je lauter der Knall, desto stärker die Liebe!

Rezept

Bunter Hustentee

- 2 Teile Spitzwegerichblätter
- 1 Teil Klatschmohnblüten
- 1 Teil Königskerzenblüten
- 1 Teil Malvenblüten

Tee zerkleinern und 2 TL in eine große Tasse geben. Heißes Wasser dazu und 5 Minuten ziehen lassen. Mit etwas Honig süßen und 3-mal täglich eine Tasse in kleinen Schlucken trinken. Besonders hilfreich bei Reizhusten.

Extra Tipp

Sammeln Sie die kleinen Samen aus den eiförmigen Kapseln. Getrocknet können sie wie Backmohn für Brot, Kuchen und Desserts genutzt werden. Sie schmecken besonders fein, wenn sie in einer Pfanne ohne Fett leicht geröstet werden.

Rotklee

Sammelzeit: Die voll erblühten Blütenköpfchen können ab mittags den ganzen Sommer über geerntet werden. Achten Sie darauf, dass am Köpfchen nur wenig abgeblühte braune Einzelblüten sind.

Lieblingsort: An Wegrändern sowie auf Wiesen und Weiden.

Kennzeichen: Rotklee wird bis 40 cm hoch. **Stängel** ist kantig und behaart. **Blätter** bestehen aus drei eiförmigen Teilblättchen und sind unterseits behaart. **Blüten** purpurrot, vereinigen sich zu kugeligen Köpfchen. **Blüht** von Mai bis September.

Wirkt ... stoffwechselanregend, schleimlösend, zusammenziehend und hormonähnlich. Tee und Tinktur nutzt man deshalb in der Volksmedizin zur Wundbehandlung, zur Blutreinigung und bei Husten. Wegen der östrogenähnlichen Stoffe wird Rotklee auch gerne bei Wechseljahresbeschwerden eingesetzt.
In früheren Zeiten galt der Rotklee als Förderer der Fruchtbarkeit. Zu Recht, da man inzwischen weiß, dass er östrogenähnliche Stoffe (Isoflavone) enthält.

Rezept

Wechseljahre-Tee

- 2 Teile Rotkleeblüten
- 1 Teil Salbeiblätter
- 1 Teil Melissenblätter
- 1 Teil Schafgarbe

Tee zerkleinern und 2 TL davon in eine große Tasse geben. Heißes Wasser darüber gießen und 5 Minuten ziehen lassen. Täglich 3 Tassen davon trinken.

Extra Tipp

Den Weißklee, der häufig auf Rasenflächen und Wiesen anzutreffen ist, können Sie ebenfalls für Tee verwenden. Die ausgezupften Rotkleeblüten sind auch eine hübsche essbare Dekoration für Desserts.

Pfefferminze Echte Pfefferminze

Sammelzeit: Ernten Sie im Juli, wenn die Pflanze zu blühen beginnt, dann ist sie besonders wirksam. Schneiden Sie die Minze mittags eine Handbreit über dem Boden ab und streifen Sie die Blätter und Blüten vom Stängel.

Lieblingsort: Pfefferminze wird in Gärten kultiviert. An Gewässerufern können Sie manchmal die Wasserminze entdecken, die genauso verwendet wird.

Kennzeichen: Die bis 80 cm hohe Pflanze duftet stark minzig. Der **Stängel** ist vierkantig. **Blätter** stehen sich paarweise gegenüber, sind länglich-eiförmig und am Rand gesägt. **Blüten** lila bis blassrosa, sitzen ährenartig am Stängelende. **Blüht** von Juli bis September.

Blätter

Wirkt ... appetitanregend, krampflösend und gallenflussfördernd. Tee und Tinktur sind hilfreich bei Übelkeit, krampfartigen Magen-Darmbeschwerden und Gallenleiden. Äußerlich aufgetragen hilft das ätherische Minzöl bei Kopfschmerzen.
Die Pfefferminze ist eine zufällige Kreuzung aus Wasserminze und Spearmintminze. Sie wurde im Jahr 1696 in England entdeckt.

Rezept

Es muss nicht immer Tee sein

- 75 g Minzblätter
- 500 ml Wodka
- 100 g Zucker

Probieren Sie einen Minzlikör, indem Sie zunächst eine traditionelle Tinktur herstellen (Seite 25). Diese nur 3 Stunden ziehen lassen und dann mit einer abgekühlten Zuckerlösung (100 ml Wasser + 100 g Zucker) süßen.

Extra Tipp

Es gibt unzählige Minzesorten, mit denen Sie Ihre Teeküche bereichern können. Testen Sie in Ihrem Garten verschiedene Duftrichtungen: z. B. Orangenminze, Schokominze oder die nach Kaugummi duftende Marokkanische Minze.

Dost Wilder Majoran

Sammelzeit: Man erntet die Blätter und Blüten während der Blütezeit. Schneiden Sie die oberen 15 cm der Pflanze ab und streifen Sie Blätter und Blüten vom Stängel. Beste Erntezeit ist mittags.

Lieblingsort: An sonnigen Böschungen und Hängen.

Kennzeichen: Die aromatisch duftende Pflanze wird bis 60 cm hoch. **Stängel** ist rundlich bis leicht vierkantig, behaart und rötlich überlaufen. **Blätter** stehen sich paarweise gegenüber, sind eiförmig mit kleiner Spitze und glattem Rand. **Blüten** sitzen in doldenförmigen Rispen, haben pupurrote Kelchblätter und rosafarbene Blütenblätter. **Blüht** von Juni bis September.

Blätter

Wirkt ... krampflösend, verdauungsfördernd und hustenlösend. Deshalb trinkt man den wohlschmeckenden Tee bei Appetitlosigkeit, Magen-Darmbeschwerden und Husten.
Im Mittelalter war Dost eine wichtige Schutzpflanze gegen Teufel und Hexen. Es genügte schon, ein Sträußchen bei sich zu tragen oder an die Haustür zu hängen.

Rezept

Erkältungstee

- 2 Teile Dost
- 1 Teil Lindenblüten
- 1 Teil Quendel oder Thymian

Tee zerkleinern und 2 TL davon in eine große Tasse geben. Mit heißem Wasser aufgießen und 5 Minuten ziehen lassen. Mit etwas Honig gesüßt lässt sich die Heilkraft erhöhen. Hilft nicht nur gut, sondern schmeckt auch lecker!

Extra Tipp

Dost wird nicht umsonst Wilder Majoran genannt. Seine Verwandtschaft zum südländischen Oregano macht ihn zu einem vorzüglichen Würzkraut. Vor allem die Blüten schmecken super zu Pizza und Pasta.

Quendel Feldthymian

Sammelzeit: Geerntet werden die Triebspitzen bei Blühbeginn im Juni zur Mittagszeit. Schneiden Sie die oberen 5 cm der Blütenstände und trocknen Sie sie als Ganzes.

Lieblingsort: An Wegrändern, sonnigen Böschungen und trockenen Wiesen.

Kennzeichen: Kleine, am Boden kriechende Pflanze mit aromatischem Duft. **Stängel** ist vierkantig und nur auf den Kanten behaart. **Blätter** stehen sich paarweise gegenüber, sind klein und oval. **Blüten** purpurrosa, sitzen als dichte Büschel am Stängelende. **Blüht** von Juni bis September.

Blätter

Wirkt … vor allem krampflösend, schleimlösend und antimikrobiell. Tee und Tinktur sind deshalb ideal bei grippalen Infekten mit Husten. Quendel ist aber auch wirksam bei Verdauungsbeschwerden und schmerzhaften Menstruationskrämpfen.
Quendel war früher eine bedeutende Schutzpflanze gegen böse Mächte. Um Teufel und Hexen fernzuhalten, war es immer gut, ein Sträußchen davon bei sich zu tragen.

Rezept

Hustenlöser

- 2 Teile Quendel
- 1 Teil Spitzwegerich
- 1 Teil Königskerzenblüten

Tee zerkleinern und 2 TL davon in eine große Tasse geben. Heißes Wasser darüber und 5 Minuten ziehen lassen. 3-mal täglich eine Tasse trinken. Etwas Honig als Süße verstärkt die Heilwirkung.

Extra Tipp

Der Quendel ist ein Verwandter des Gartenthymians (Seite 72). Quendel eignet sich darum auch sehr gut als Küchengewürz. Er besitzt ein thymianähnliches Aroma, aber mit etwas weniger Schärfe und einer blumigen Note.

Thymian

Sammelzeit: Geerntet werden die blühenden Triebspitzen bei Blühbeginn. Die optimale Tageszeit ist mittags. Schneiden Sie die oberen 10 cm und trocknen Sie die Zweige als Ganzes.

Lieblingsort: Thymian wird in Gärten kultiviert. Er bevorzugt sonnige Standorte und nährstoffarme Böden.

Kennzeichen: Der aromatisch duftende Zwergstrauch wird bis 30 cm hoch. **Stängel** ist vierkantig, unten verholzend. Die kleinen **Blätter** stehen sich gegenüber, sind schmal-elliptisch, unterseits dicht behaart und am Rand eingerollt. **Blüten** lilarosa, sitzen ährenartig in den oberen Blattachseln. **Blüht** von Mai bis August.

Wirkt … krampflösend, schleimlösend, verdauungsfördernd und antibakteriell. Er ist eines der wichtigsten Heilmittel bei Husten und grippalen Infekten. Ebenfalls sehr wirksam sind Tee und Tinktur bei krampfartigen Beschwerden im Magen-Darmbereich.
In der Antike galt Thymian als Symbol für Mut und Tapferkeit. Deshalb war er ein beliebter Badezusatz für junge Männer.

Rezept

Husten-Tinktur

- 30 g Thymianzweige
- 10 g Fenchelfrüchte
- 150 ml Wodka oder Korn

Thymian zerkleinern, Fenchelsamen zerstoßen und mit Alkohol übergießen, so dass alles bedeckt ist. 1 Woche ziehen lassen und abfiltern. 3-mal täglich 15 Tropfen. Sehr hilfreich bei festsitzendem Husten und Keuchhusten.

Extra Tipp

„Die nächste Grippe kommt bestimmt, doch nicht zu dem, der Thymian nimmt“ sagt eine alte Volksweisheit. Schützen Sie sich vor der nächsten Erkältungswelle, indem Sie vorbeugend Ihre Abwehrkräfte mit Thymiantee mobilisieren. Mit Honig gesüßt schmeckt er sehr gut.

Malve Wilde Malve

Sammelzeit: Geerntet werden die Blüten ab Juni, am besten nachmittags. Es können auch Blätter mitgeerntet werden. Täglich öffnen sich pro Pflanze bis zu 150 Blüten.

Lieblingsort: An Wegrändern und auf Brachland.

Kennzeichen: Die Malve kann bis zu 120 cm hoch werden. **Stängel** ist stark behaart. **Blätter** sind handförmig, 5- bis 7-fach gelappt und am Rand gekerbt. **Blüten** sitzen büschelweise in den Blattachseln, die 5 Blütenblätter sind rosaviolett mit dunkleren Nerven. **Blüht** von Juni bis September.

Stockrose (siehe Extra Tipp)

Wirkt ... reizlindernd und entzündungshemmend. Tee und Tinktur eignen sich bei Reizhusten sowie zum Gurgeln bei Entzündungen der Schleimhäute in Mund und Rachen. Äußerlich können damit Umschläge bei trockener oder entzündeter Haut gemacht werden.
Malvenblätter waren im alten Rom ein beliebtes Gemüse, das wie Spinat zubereitet wurde. Auch die grünen, scheibenförmigen Früchte („Käsle") kann man roh essen.

Rezept

Blaues Malvenbad für die Haut

- 30 g Malvenblüten
- 10 g Lavendelblüten
- 1 Liter Wasser

Blüten mit heißem Wasser (ca. 80°C) übergießen und 5 Minuten ziehen lassen. Durch ein Sieb ins Badewasser geben. Ideale Badetemperatur bei 37 °C. Fürs Auge einige Blüten ins Badewasser streuen. Gut bei entzündeter oder trockener Haut.

Extra Tipp

Praktisch: Die häufig als Zierpflanze in Gärten kultivierte Stockrose hat die gleiche Wirkung. Sie können ihre großen Blüten genauso verwenden.

Weidenröschen Schmalblättriges Weidenröschen

Sammelzeit: Ernten Sie am besten nachmittags die oberen 20 cm der Pflanze, und zwar bei Blühbeginn. Viele Blüten sind dann noch im Knospenstadium. Anschließend Blätter und Blüten vom Stängel streifen.

Lieblingsort: An Waldrändern und auf Waldlichtungen.

Kennzeichen: Die Pflanze kann bis zu 150 cm hoch werden. **Stängel** ist rund, kahl und oben rötlich überlaufen. **Blätter** sind lang, schmal und zugespitzt, unterseits blaugrün. **Blüten** rosarot, stehen in Trauben an der Stängelspitze. **Blüht** von Juni bis August.

Zottiges Weidenröschen (siehe Extra Tipp)

Wirkt … vor allem harntreibend und entzündungshemmend. Tee und Tinktur nutzt man in der Volksheilkunde bei Harnwegsinfekten und Prostatabeschwerden. Der Tee ist sehr wohlschmeckend.
Im Mittelalter war das Weidenröschen dem heiligen Antonius gewidmet, weil man glaubte, damit das „Antoniusfeuer" heilen zu können. Diese grausame Krankheit, hervorgerufen durch mit Mutterkornpilz verseuchtes Getreide, entvölkerte ganze Landstriche.

Rezept

Blasen-Tee

- 2 Teile Weidenröschen
- 1 Teil Brennnesselblätter
- 1 Teil Löwenzahnblätter
- 1 Teil Goldrute

Tee zerkleinern und 2 TL in eine große Tasse geben. Heißes Wasser zugeben und 5 Minuten ziehen lassen. Täglich 4 Tassen trinken und zusätzlich noch 2 Liter Wasser über den Tag verteilt (Durchspülungstherapie).

Weidenröschen sind auch ein leckeres Wildgemüse. Die jungen Blätter und Triebe können für Salat oder gedünstet als Gemüse genutzt werden. Alle heimischen Weidenröschen-Arten sind verwertbar.

Gundermann

Sammelzeit: Geerntet werden Blätter und Blüten während der Blütezeit. Schneiden Sie die blühenden Triebspitzen etwa 10 cm lang ab. Beste Erntezeit ist mittags.

Lieblingsort: Auf Wiesen, an Wegrändern und in Gärten.

Kennzeichen: Die Pflanze kriecht am Boden und richtet sich nur an den Blütentrieben auf. Sie hat einen würzigen Blattduft. **Stängel** ist vierkantig. **Blätter** sind rundlich bis herzförmig und am Rand grob gekerbt, sie stehen sich paarweise gegenüber. **Blüten** blauviolett, sitzen direkt über den oberen Blattpaaren. **Blüht** von März bis Juni.

Wirkt ... vor allem zusammenziehend, entzündungshemmend und schleimlösend. Tee und Tinktur nutzt man deshalb bei Husten und zum Gurgeln bei Entzündungen in Mund oder Rachen. Kleine Verletzungen und Insektenstiche kann man mit dem Saft der frisch zerquetschten Blätter lindern.
Im Mittelalter glaubte man, mit einem Gundermannkränzchen im Haar könne man Hexen erkennen.

Rezept

Kräftiger Tee für festsitzenden Husten

- 2 Teile Gundermann
- 2 Teile Quendel
- 1 Teil Königskerzenblüten

Tee zerkleinern und 2 TL davon in eine große Tasse geben. Mit heißem Wasser aufgießen und 5 Minuten ziehen lassen. Durch ein ganz feines Sieb abgießen. Mit etwas Honig süßen.

Bepinseln Sie ganz junge Gundermannblättchen beidseitig mit geschmolzener Zartbitter-Kuvertüre. Im Kühlschrank fest werden lassen. Fertig ist das Wiesen-After-Eight.

Lavendel Echter Lavendel

Sammelzeit: Ernten Sie die Blüten mittags während der Vollblüte. Einige Blütchen innerhalb der Ähre sollten schon verblüht sein. Schneiden Sie die Blütenähren als Ganzes ab.

Lieblingsort: Lavendel wird in Gärten kultiviert. Achten Sie darauf, dass Sie den Echten Lavendel (*Lavandula angustifolia*) nutzen, denn nur er hat die beruhigende Wirkung.

Kennzeichen: Der bis 70 cm hohe Strauch duftet aromatisch. **Stängel** verholzt. **Blätter** sind graugrün, behaart, schmal-lineal und am Rand eingerollt. **Blüten** blauviolett, sitzen quirlartig an einem langen Stiel. **Blüht** von Juni bis August.

Wirkt … beruhigend, entspannend und wundheilend. Tee, Tinktur oder ätherisches Öl werden eingesetzt bei Schlafstörungen, Stress und Spannungskopfschmerz. Auch bei Verdauungsbeschwerden ist der krampflösende Lavendel hilfreich. Äußerlich fördert er die Wundheilung, vor allem bei Verbrennungen. Lavendel war schon in der Antike ein beliebtes Duftkraut zum Baden und Wäschewaschen.

Rezept

Anti-Stress-Tee

- 2 Teile Lavendelblüten
- 2 Teile Melissenblätter
- 1 Teil Linden- oder Rosenblüten

Tee zerkleinern und 2 TL in eine große Tasse geben. Heißes Wasser dazu und 5 Minuten ziehen lassen. 3-mal täglich eine Tasse trinken. Auch als Badezusatz für ein wohliges Entspannungsbad (50 g).

Lavendelsträußchen im Kleiderschrank beduften die Wäsche und vertreiben Kleidermotten. Nicht so im Vorratsschrank, denn Lebensmittelmotten lieben den Lavendelduft!

Stiefmütterchen Wildes Stiefmütterchen

Sammelzeit: Ernten Sie ab Mai während der Blütezeit Blätter und Blüten. Die günstigste Tageszeit ist nachmittags.

Lieblingsort: Auf Wiesen, an Weg- und Feldrändern.

Kennzeichen: Das Stiefmütterchen wird bis 30 cm hoch. **Stängel** ist kahl. **Blätter** in Bodennähe sind herz-eiförmig, die oberen länglich-lanzettlich, am Rand gekerbt. **Blüten** sind meist dreifarbig: die oberen Blütenblätter blauviolett, die beiden mittleren gelblich oder hellviolett und das untere gelb mit violetten Streifen. **Blüht** von Mai bis September.

Wirkt ... harntreibend, schleimlösend und stoffwechselanregend. Tee und Tinktur haben deshalb zwei Schwerpunkte: Hauterkrankungen und Husten. Bei entzündlichen Hauterkrankungen, Milchschorf oder Akne ist es sinnvoll, Stiefmütterchen sowohl innerlich als auch äußerlich einzusetzen. Die großblütigen Züchtungen für den Garten sind nicht heilkräftig.
Das Stiefmütterchen galt im Mittelalter als Pflanze für Liebeszauber; aber wenn es schiefging, auch gegen Liebeskummer.

Blütenfarbe variabel

Rezept

Heilung für die unreine Haut

- 3 Teile Stiefmütterchen
- 1 Teil Frauenmantel

Tee zerkleinern und 2 TL in eine große Tasse geben. Heißes Wasser darüber und 10 Minuten ziehen lassen. 3-mal täglich eine Tasse trinken. Mehrmals täglich mit einem Wattebausch die Haut abtupfen. Die Zugabe von 1 TL Stiefmütterchentinktur verstärkt die Wirkung.

Extra Tipp

Einen bunten, schleimlösenden Kinder-Hustentee können Sie Ihrem Nachwuchs aus Stiefmütterchen, Gänseblümchen, Malvenblüten und Spitzwegerich mischen.

Wegwarte

Sammelzeit: Geerntet werden Blüten und Blätter im Spätsommer am Vormittag. Die ebenfalls nutzbare Wurzel wird im Spätherbst oder im März ausgegraben, in Scheiben geschnitten und an der Heizung getrocknet.

Lieblingsort: An Weg- und Straßenrändern sowie auf Brachflächen.

Kennzeichen: Die milchsafthaltige Pflanze wird bis 120 cm hoch. **Stängel** ist kantig, behaart und sparrig verästelt. **Blätter** am Boden sind löwenzahnähnlich gezähnt und unterseits borstig behaart, obere Blätter sind länglich-schmal. **Blüten** bestehen aus hellblauen, fünfzipfeligen Zungenblüten. **Blüht** von Juli bis September.

Wirkt … vor allem appetitanregend, verdauungsfördernd und den Gallenfluss anregend. Man nutzt die Wegwarte deshalb gerne in Leber-Galle-Teemischungen. Wegen der enthaltenen Bitterstoffe kann sie auch gut in appetitanregenden Likören verarbeitet werden.
In Kriegs- und Notzeiten war die Wegwartenwurzel (Zichorie) ein wichtiger Kaffee-Ersatz.

Rezept

Feld- und Wiesenkaffee

- 2 Teile Wegwartenwurzeln
- 2 Teile Löwenzahnwurzeln

Frische Wurzeln waschen, in kaffeebohnengroße Stücke schneiden und im Backofen bei 200 Grad ohne Fett ca. 15 Minuten rösten, bis sie dunkelbraun geworden sind. Dabei die Ofentür leicht geöffnet lassen. Mit der Kaffeemühle mahlen und wie echten Kaffee aufbrühen.

Extra Tipp

Wussten Sie, dass Chicoree, Zuckerhut und Radicchio aus der Wegwarte gezüchtet wurden? Diese Salate enthalten noch viele Heilstoffe ihrer Wildform und sind deshalb sehr zu empfehlen.

Beifuß

Sammelzeit: Geerntet werden die oberen Triebspitzen (15 cm lang) mit Blättern und geöffneten Blüten. Blätter und Blüten vom Stängel streifen und trocknen. Damit es viel Aroma gibt, ernten Sie erst ab Mittag.

Lieblingsort: An Böschungen, Weg- und Straßenrändern.

Kennzeichen: Bis zu 150 cm hohe Pflanze mit würzigem Duft. **Stängel** ist kantig und meist rotbraun angelaufen. **Blätter** sind gefiedert, mit am Rand tief gesägten Teilblättern, oben sind sie dunkelgrün und unten weißfilzig behaart. **Blüten** unscheinbar braungelb, stehen in verzweigten Rispen. **Blüht** von Juni bis September.

Blätter

Wirkt ... vor allem appetitanregend und krampflösend. Durch seine verdauungsfördernde Wirkung macht er fette Speisen bekömmlicher. Beifuß-Tee hat auch eine menstruationsfördernde Wirkung, weshalb er während der Schwangerschaft nur sparsam eingesetzt werden sollte.

Im Mittelalter wurde Beifuß unters Bett gelegt, um Eheleute vor angezauberter Impotenz oder Frigidität zu schützen.

Rezept

Verdauungs-Schnäpsle

- 15 g blühende Beifußtriebe
- 15 g Schafgarbenblüten
- 250 ml Wodka

Frische Pflanzen kleinschneiden und mit Alkohol übergießen. 3–4 Tage ziehen lassen und abfiltern. Wenn Sie etwas Süße möchten, geben Sie noch eine Zuckerlösung (50 g Zucker + 50 ml Wasser) dazu (Seite 25).

Extra Tipp

Früher war Beifuß ein bekanntes und beliebtes Gänsebraten-Gewürz. Wenn Sie es selbst herstellen wollen, müssen Sie die ungeöffneten Blütenknospen von den Rispen streifen und trocknen. Für Tee und Tinktur sollten die Blüten allerdings geöffnet sein.

Brennnessel

Sammelzeit: Ernten Sie die jungen Blätter kurz vor Blühbeginn im Mai. Beste Erntezeit ist der frühe Nachmittag. Handschuhe könnten nützlich sein.

Lieblingsort: An Waldrändern, Gebüschen und Gräben.

Kennzeichen: Bis zu 150 cm hohe Pflanze, dicht besetzt mit Brennhaaren. **Stängel** ist vierkantig. **Blätter** stehen sich paarweise gegenüber, sind länglich-eiförmig, zugespitzt und am Rand grob gesägt. **Blüten** unscheinbar grünlich, sie stehen in Rispen in den oberen Blattachseln. **Blüht** von Juni bis September.

Wirkt ... vor allem harntreibend, entzündungshemmend und stoffwechselanregend. Der Tee wird deshalb gerne begleitend zu Fasten- und Entschlackungskuren getrunken (Rezept Seite 94). Er hilft auch bei Gicht, Rheuma und Harnwegsentzündungen. Eine Tinktur aus den Wurzeln ist hilfreich bei Prostatabeschwerden. Im alten Rom galt die Brennnessel als Aphrodisiakum. Das Auspeitschen der erogenen Zonen sollte die Liebeslust steigern. Ob's gewirkt hat oder nur gebrannt?

Rezept

Frühlingstinktur für den Stoffwechsel

- 25 g frische Brennnesselblätter
- 10 g frische Löwenzahnblätter
- 150 ml Korn oder Wodka

Die Kräuter kleinschneiden, in ein Schraubglas füllen und mit Alkohol übergießen. 1 Woche ziehen lassen und täglich schütteln. Abfiltern und zur Frühjahrs- oder Fastenkur 3-mal täglich 15 Tropfen einnehmen. Auch hilfreich bei Hautleiden und rheumatischen Beschwerden.

Extra Tipp

Brennnesselblätter sind ein leckeres Wildgemüse mit spinatartigem Geschmack. Ein „Kraftpaket“ mit viel Eiweiß, Vitaminen und Mineralien! Beste Sammelzeit ist März und April, denn ältere Blätter schmecken nicht mehr so gut. Die Brennwirkung der Härchen geht beim Erhitzen verloren.

Spitzwegerich

Sammelzeit: Spitzwegerichblätter können Sie während der Blütezeit ernten. Die Blätter werden vorsichtig ohne Druck gesammelt, damit sie sich beim Trocknen nicht schwarz verfärben.

Lieblingsort: Auf Wiesen, Weiden und an Wegrändern.

Kennzeichen: Die Pflanze wird bis 40 cm hoch. **Stängel** ist blattlos und gefurcht. **Blätter** werden 10–20 cm lang, sind schmal-lanzettlich und haben einen glatten Rand; längs verlaufenden Blattnerven. **Blüten** beigebraun, sitzen in einer länglichen Ähre, lange weißliche Staubbeutel. **Blüht** von Mai bis September.

„Wiesenpflaster“

Wirkt … reizlindernd, entzündungshemmend, schleimlösend und antimikrobiell. Tee und Tinktur sind deshalb ideal bei grippalen Infekten mit Husten. Äußerlich wird der frische Saft bei Insektenstichen und kleinen Verletzungen aufgetragen. Spitzwegerich ist ein sehr altes Heilmittel, das früher vor allem zur Wundversorgung eingesetzt wurde.

Rezept

Hustenhonig

- 3 Teile Spitzwegerich
- 1 Teil Quendel oder Thymian
- Flüssiger Honig

Frische Kräuter zerkleinern und schichtweise mit Honig in ein Glas füllen (ca. 1 cm hohe Lagen). Zum Abschluss bis an den Rand mit Honig füllen, dicht verschließen und 3 Wochen ans Fensterbrett stellen. Das Glas täglich umdrehen. Absieben und in Behälter füllen. Zum Süßen von Hustentee oder teelöffelweise einnehmen.

Extra Tipp

Ein ungewöhnlicher Pilzgenuss: Die jungen, farblich noch ganz dunklen Blütenknospen des Spitzwegerichs schmecken roh geknabbert oder in Butter gedünstet wie Champignons.

Hopfen

Sammelzeit: Geerntet werden die weiblichen Hopfenzapfen ab September, solange sie noch grün sind. Am frühen Nachmittag enthalten sie die meisten Wirkstoffe.

Lieblingsort: An Waldrändern und in Gebüschen.

Kennzeichen: Die Kletterpflanze kann bis zu 6 m hoch ranken. **Stängel** ist vierkantig und borstig behaart. **Blätter** sind handförmig, rau behaart und am Rand gesägt. **Blüten** sind grünlich, nur aus den weiblichen Blüten entwickeln sich die gelbgrünen, zapfenähnlichen Dolden. **Blüht** von Juli bis August.

Blatt

Wirkt ... vor allem beruhigend, schlaffördernd, krampflösend und appetitanregend. Tee und Tinktur nutzt man deshalb bei Schlafstörungen, Nervosität und zur Verdauungsförderung. Darin enthaltene östrogenartige Inhaltsstoffe sind hilfreich bei Wechseljahrsbeschwerden.
Mittelalterliche Mönche mischten Hopfen ins Bier, weil ihm eine Sexualtrieb dämpfende Wirkung nachgesagt wurde. Des Deutschen liebstes Getränk – ein Lustkiller?

Rezept

Gute-Nacht-Tee

- 2 Teile Hopfenzapfen
- 2 Teile Melissenblätter
- 1 Teil Lavendelblüten

Tee zerkleinern und 2 TL davon in eine große Tasse geben. Heißes Wasser dazu und 5 Minuten ziehen lassen. Vor dem Schlafengehen in kleinen Schlucken trinken. Schmeckt etwas bitter, aber hilft!

Extra Tipp

Hopfenzapfen und Lavendelblüten zu gleichen Teilen in eine kleine Kissenhülle stopfen und zunähen. Fertig ist das Traumkissen. Die gleiche Mischung eignet sich auch als Badezusatz für ein abendliches Vollbad (50 g). Schlafen Sie gut!

Birke Hängebirke

Sammelzeit: Ernten Sie die jungen Blätter von April bis Mai. Beste Erntezeit ist der frühe Nachmittag.

Lieblingsort: In Laubwäldern, Mooren und Heiden.

Kennzeichen: Bis zu 25 m hoher Baum. **Rinde** ist weiß mit tiefgefurchten dunklen Rissen. **Blätter** sind rautenförmig, kahl, am Rand gesägt und vorne zugespitzt. Es gibt männliche und weibliche **Blüten;** die weiblichen Blütenkätzchen sind grünlich und stehen aufrecht, die männlichen sind gelbbraun und hängend. **Blüht** von April bis Mai.

Rinde

Wirkt … in erster Linie harntreibend und stoffwechselanregend. Birkentee wird deshalb traditionell bei rheumatischen Erkrankungen, unreiner Haut und Entzündungen der Harnwege getrunken. Der Saft der Birke gilt als Mittel gegen Haarausfall und Schuppen. Auch die Moorbirke ist nutzbar.
Als Fruchtbarkeitssymbol gehörte die Birke zum Maibrauchtum. Dem geliebten Mädchen wurde ein Birkenbäumchen (Maibaum) vor das Haus gestellt.

Rezept

Frühlingstee zum Entschlacken und Fasten

- 2 Teile Birkenblätter
- 2 Teile Brennnesselblätter
- 1 Teil Löwenzahnblätter
- 1 Teil Gänseblümchen

Blätter zerkleinern und 2 TL davon in eine große Tasse geben. Mit heißem Wasser aufgießen, 5 Minuten ziehen lassen und 3 Wochen lang 3-mal täglich 1 Tasse trinken.

Extra Tipp

Birkenholz ist aufgrund des enthaltenen Birkenteers leicht entzündlich und brennt unglaublich gut. Das ideale Holz zum Entzünden eines Lagerfeuers, selbst bei nassem Wetter. Sammeln Sie dazu unter Birkenbäumen herabgefallene dünne Zweige, Äste und Rinde.

Linde

Sammelzeit: Ernten Sie die Blüten im Juni, wenn sie voll erblüht sind. Sie werden mittags zusammen mit dem Tragblatt gepflückt und getrocknet.

Lieblingsort: In Mischwäldern, in Parks und auf Dorfplätzen.

Kennzeichen: Der Baum wird bis 40 m hoch. **Blätter** sind herzförmig, zugespitzt und am Rand gesägt, sie sind oberseits grün und unterseits graugrün. **Blüten** gelbweiß, süßlich duftend, hängen an einem flügelartigen Tragblatt. **Blüht** im Juni. Die Winterlinde blüht etwa 2 Wochen nach der Sommerlinde, beide sind nutzbar.

Blatt

Wirkt ... schweißtreibend, fiebersenkend, reizlindernd und beruhigend. Der Tee wird deshalb vor allem bei fiebrigen Erkältungen und zur Linderung des Hustenreizes getrunken. Wegen der beruhigenden Wirkung passt Linde auch sehr gut in Schlaftee-Mischungen.
Die Linde galt früher als Baum der Liebenden, wovon viele alte Gedichte erzählen. Die ausgelassenen Tanzfeste im Mai fanden unter Lindenbäumen statt.

Rezept

Mit Blüten der Erkältung trotzen

- 2 Teile Lindenblüten
- 1 Teil Holunderblüten
- 1 Teil Kamillenblüten

Tee zerkleinern und 2 TL davon in eine große Tasse geben. Heißes Wasser dazu und 5 Minuten ziehen lassen. 3-mal täglich eine Tasse trinken. Mit etwas Honig gesüßt verstärkt sich die Heilwirkung.

Extra Tipp

Der wohlschmeckende Lindenblütentee eignet auch sich als sommerliche Erfrischung. Dazu wird er abgekühlt und mit etwas Apfelsaft und einem Schuss Zitronensaft geschmacklich abgerundet.

Wirksam angewendet

Kurzes ABC der Inhaltsstoffe

Es ist für uns selbstverständlich, dass Ringelblumensalbe die Wundheilung fördert. Aber welcher Stoff ist dafür verantwortlich? Pflanzen stecken voller Geheimnisse oder, besser gesagt, voller wertvoller Inhaltsstoffe. Einige davon sollen Sie etwas näher kennenlernen.

Was uns heilt

Pflanzen sind wahre Wunderwerke. Mithilfe von Sonnenlicht und Kohlendioxid bauen sie in ihrem Chemielabor komplexe Inhaltsstoffe zusammen. Das tun sie natürlich nicht für uns, sondern um sich selbst vor Krankheiten und Fressfeinden zu schützen. Die Stoffe, die uns heilen, gehören sozusagen zum Waffenarsenal der Pflanzen und können in entsprechender Dosierung auch für uns Menschen giftig sein.

Ätherische Öle ... sind die Duftstoffe der Pflanzen. Sie sind leicht flüchtig und verdunsten rasch. In der Pflanze dienen sie dem Schutz vor Hitze, Krankheiten und Schädlingen sowie zum Anlocken der bestäubenden Insekten. Ätherische Öle werden vor allem um die Mittagszeit produziert. Ihre Heilwirkung ist sehr vielfältig. Sie können keimhemmend, krampflösend, beruhigend oder schleimlösend sein. Dazu gehören Pflanzen wie Kamille, Pfefferminze oder Thymian.

Bitterstoffe ... schmecken, wie der Name schon sagt, bitter. In der Pflanze dienen sie meist als Fraßschutz. Sie werden überwiegend nachmittags produziert. Im menschlichen Organismus fördern Bitterstoffe die Verdauung. Deshalb wirken sie appetitanregend, verdauungsfördernd, gallefunktionsfördernd und stoffwechselanregend. Typische Bitterpflanzen sind Löwenzahn und Wegwarte.

Gerbstoffe ... dienen dazu, den hungrigen Insekten den Appetit zu verderben. Deshalb sind sie im Sommer am stärksten vertreten, wenn viele Fressfeinde unterwegs sind. In der Heilkunde werden sie eingesetzt, weil sie zusammenziehend, keimhemmend und blutstillend wirken. Meist werden sie äußerlich auf der Haut oder im Mund- und Rachenraum genutzt. Typische Vertreter sind Blutwurz, Brombeere und Frauenmantel.

Schleimstoffe ... haben die Fähigkeit aufzuquellen und besitzen dadurch eine reiz- und entzündungslindernde Wirkung. In der Pflanze sind sie vor allem bei der Keimung der Samen nötig, aber auch um Wasser einzulagern. Wichtige Schleimstoffpflanzen sind Malve, Spitzwegerich und Königskerze.

Flavonoide ... sind gelblich orange Pflanzenfarbstoffe. Sie erfüllen die Funktion des Sonnenschutzes und sorgen dafür, dass die Pflanzen nicht „verbrennen“. Deshalb sind sie vor allem nachmittags bei hoher UV-Einstrahlung vertreten. Im menschlichen Körper wirken sie entzündungshemmend, zellschützend, entwässernd oder schweißtreibend. Pflanzen mit vielen Flavonoiden sind Goldrute, Holunder und Ringelblume.

Ringelblumen enthalten Flavonoide.

Der Weg zu Tee und Tinktur

Das Gute an Teemischungen ist, dass sich hier die Heilwirkungen verschiedener Pflanzen ergänzen und verstärken können. Die Kunst ist es nun, die Pflanzen so zu mischen, dass eine optimale Heilwirkung erreicht wird. Schritt für Schritt können Sie dies selbst erlernen.

Die Heilwirkung festlegen

Eine heilkräftige Teemischung herzustellen ist kein Hexenwerk! Wie funktioniert es?
Zuerst müssen Sie festlegen, welche medizinische Wirkung Sie von dem Tee erwarten. Soll er schweißtreibend oder entspannend sein? Wenn Sie beispielsweise Husten haben, nutzen Sie nur Pflanzen, die diesem Beschwerdebild entsprechen. Sie können die Wirkungen der Pflanzen im Kapitel „Das Who-is-Who der Besten“ oder zusammengefasst in der Tabelle „Welche Heilpflanze hilft bei welchen Beschwerden“ (Seite 128) nachschlagen.

Das Motto „Viel hilft viel“ gilt für Teemischungen nicht. Jede Pflanze sollte die Möglichkeit haben, ihre arzneiliche Wirkung voll zu entfalten. Das geht nur, wenn sie in entsprechender Menge vertreten ist. Deshalb setzt sich eine gute Mischung aus höchstens 6 bis 8 Heilpflanzen zusammen.

Die Zutaten auswählen

Leitpflanzen

Als erstes benötigen Sie für die Teemischung eine oder zwei **Leitpflanzen**, die sehr gut zu der Krankheit passen. Diese Leit- oder Basispflanzen sollten in der Teemischung mengenmäßig dominieren.Um

Rosen, Kornblumen und Ringelblumen bringen Farbe in den Tee.

die Basis herum werden nun weitere Pflanzen gruppiert, die in der Teemischung eine bestimmte Funktion erfüllen. Man nennt sie **Aromapflanzen**, **Volumenpflanzen** und **Schmuckpflanzen**. Und ganz wichtig: Sie sollen die Wirkung der Leitpflanzen unterstützen. Das heißt, sie müssen bei den gleichen Beschwerden wirksam sein. Die Zutaten der Teemischung werden aus diesen vier Rubriken zusammengestellt. Aus jeder werden in der Regel eine bis zwei Pflanzen ausgewählt.

Aromapflanzen ... bringen Geschmack in die Teemischung und machen sie verträglich, denn ein Heiltee soll auch trinkbar sein. Dies ist vor allem wichtig, wenn Kinder ihn trinken sollen. Aromapflanzen haben einen angenehmen Duft, wie z. B. Melisse oder Pfefferminze.

Volumenpflanzen ... sollen den Tee füllig machen und die Mischung zusammenhalten. Sonst würden kleine Bestandteile der Mischung im Vorratsbehälter nach unten rutschen. Volumenpflanzen haben große Blätter oder eine starke Blattbehaarung.

Schmuckpflanzen ... sollen das Aussehen des Tees verbessern. Meist werden dazu bunte Blüten wie Malve oder Ringelblume verwendet. Ein farbenfroher Tee hat über die Psyche einen positiven Einfluss auf die Wirkung, vielleicht mehr als Sie denken!

Das 1 x 1 des Mischens

Am Beispiel eines Hustentees wollen wir die Theorie in die Praxis umsetzen. Dazu benötigen Sie die Tabelle auf Seite 106/107. Zunächst wählen Sie die Leitpflanze aus, am besten eine klassische Hustenpflanze wie Spitzwegerich. Anteilsmäßig sollte die Leitpflanze etwa 40 % der Mischung ausmachen. Nun folgt eine Aromapflanze, die Geschmack in die Mischung bringt. Dafür eignen sich Thymian oder Quendel, die beide ebenfalls sehr hustenwirksam sind. Eine Volumenpflanze benötigen Sie eigentlich nicht, da Spitzwegerich schon diese Aufgabe miterfüllt. Trotzdem können Sie noch eine dazunehmen, die sogar noch Geschmack mitbringt: Lindenblüten. Als Schmuckpflanzen eignen sich Malve und Königskerze, die bunte Tupfer in die Mischung zaubern. Auch diese beiden stammen aus der Rubrik Hustenpflanzen. An diesem Beispiel können Sie sehen, dass viele Pflanzen durchaus mehrere Funktionen in einer Mischung erfüllen.

Die **Hustenmischung** würde also folgendermaßen aussehen:
20 g Spitzwegerich: Leitpflanze und Volumenpflanze
10 g Thymian: Aromapflanze
10 g Lindenblüten: Volumenpflanze und Aromapflanze
5 g Malvenblüten: Schmuckpflanze
5 g Königskerzenblüten: Schmuckpflanze

Auch Gartenformen der Malve helfen bei Husten und schmücken den Tee.

Tinkturen verstärken

Mit Tinkturen kann die Wirkung von Tees verbessert werden.

Mithilfe von Tinkturen können Sie den Heilerfolg Ihrer Teemischungen noch verbessern. Tinkturen haben den Vorteil, dass Alkohol hervorragend alle Wirkstoffe aus der Pflanze zieht. Deshalb sind Tinkturen etwas wirksamer als Tees, die vor allem wasserlösliche Stoffe aus den Pflanzen lösen. Sie können die selbst hergestellten Tinkturen (wie das geht, steht auf Seite 24/25) alternativ zum Tee einnehmen, aber Sie können damit auch die Heilwirkung des Tees verstärken. Wenn Sie z. B. einer Tasse Thymiantee noch einige Tropfen Thymiantinktur zugeben, dann haben Sie einen sich perfekt ergänzenden Wirkstoffkomplex. Für eine große Teetasse genügen schon fünf Tropfen Tinktur.

Bei der äußerlichen Anwendung, also beim Gurgeln oder bei Umschlägen, können Sie genauso verfahren. Fügen Sie hier einem Viertelliter Tee 2 TL Tinktur hinzu.

Keine Angst vor Alkohol

Ab und zu wird bei Tinkturen das Lösungsmittel Alkohol kritisiert. Dieses Problem relativiert sich aber, wenn man weiß, dass viele Lebensmittel mehr Alkohol enthalten als eine Dosis Tinktur mit 10 bis 15 Tropfen. So enthält z. B. ein Glas Apfelsaft viermal soviel Alkohol. Ein Vorteil der Alkohol-Tinktur im Vergleich zu Tabletten ist die natürliche Zusammensetzung: Tinkturen enthalten nur Alkohol und Pflanzenwirkstoffe, während in Tabletten ein großes Arsenal an Bindemitteln, Aroma- und Farbstoffen sowie Laktose und Fruktose vertreten ist.

Teemischungs-Übersicht

Jetzt können Sie Ihre ersten Teemischungen selbst zusammenstellen. Die untenstehende Übersicht erklärt die Funktion der Heilpflanzen in der Mischung. Anhand der großen Tabelle auf Seite 128 können Sie Pflanzen aussuchen, die Sie bei den gleichen Beschwerden einsetzen können.

Heilpflanzen auf einen Blick

Wie Sie Teemischungen richtig herstellen, lesen Sie auf den Seiten 102 bis 104. Die Tabelle unten und rechts wird Ihnen eine große Hilfe bei Ihren selbst kreierten Mischungen sein. Die Kurzbegriffe oben in der Tabelle bedeuten:

Basis = Leitpflanze, Basispflanze
Aroma = Aromapflanze, Geschmackspflanze
Volumen = Volumenpflanze, Füllpflanze
Schmuck = Schmuckpflanze, Schönungspflanze

Welche Funktion hat die Pflanze in der Teemischung

Heilpflanze	Basis	Aroma	Volumen	Schmuck
Baldrian	x			
Beifuß	x	x		
Birke	x		x	
Blutwurz	x			
Brennnessel	x		x	
Brombeere	x		x	
Dost	x	x		x
Frauenmantel	x		x	
Gänseblümchen	x			x

Heilpflanze	Basis	Aroma	Volumen	Schmuck
Gänsefingerkraut	x		x	
Goldrute	x		x	
Gundermann	x	x		
Holunder	x	x		x
Hopfen	x	x		
Johanniskraut	x			x
Kamille	x	x		x
Klatschmohn	x			x
Königskerze	x			x
Lavendel	x	x		x
Linde	x	x	x	
Löwenzahn	x		x	
Malve	x			x
Melisse	x	x	x	
Pfefferminze	x	x	x	
Quendel	x	x		x
Ringelblume	x			x
Rotklee	x			x
Schafgarbe	x	x		x
Spitzwegerich	x		x	
Stiefmütterchen	x			x
Taubnessel	x		x	
Thymian	x	x		
Wegwarte	x			x
Weidenröschen	x			x
Weißdorn	x		x	

Tee – einfach optimal

Im Zeitalter der Teebeutel wissen viele gar nicht mehr, wie man einen Heilpflanzentee richtig aufbrüht. Möglichst viele Wirkstoffe sollen sich aus den Blättern und Blüten lösen, so dass Sie einen Tee voller Pflanzenkraft genießen können.

Am besten frisch

Geben Sie die Heilpflanzen lose in die Kanne, dann können sich die Heilstoffe gut entfalten.

Im Sommer können Sie einen Heiltee mit frischen Kräutern aufbrühen, am besten gleich nach dem Sammeln. Frische Kräuter enthalten mehr Wirkstoffe, denn beim Trocknen geht immer etwas verloren. Das Teewasser kann die frischen Pflanzenzellen besser durchdringen und löst sehr schnell viele Heilstoffe heraus. Deshalb benötigen Tees aus frischen Kräutern nur kurze Ziehzeiten von etwa 3 Minuten. Allerdings müssen Sie frische Tees etwas höher dosieren als getrocknete. Sie benötigen etwa die dreifache Menge: Für eine große Tasse (250 ml) nehmen sie 2 Esslöffel (EL) frische oder 2 Teelöffel (TL) getrocknete Kräuter. Für eine Literkanne nehmen Sie 10 bis 15 g frische Kräuter oder 3 bis 4 g getrocknete.

Ganz wichtig: die Kräuter müssen kurz vor dem Aufgießen stark zerkleinert werden, damit die Wirkstoffe sich gut im Wasser lösen. Frische Heilpflanzen werden kleingeschnitten, getrocknete im Mörser oder zwischen den Handflächen zerkleinert.

Freie Entfaltungsmöglichkeiten

Tee muss sich im Wasser entfalten können, damit er seine Inhaltsstoffe gut abgeben kann. Deshalb wird er **lose** in Tasse oder Kanne gegeben. Nach dem Ziehen gießen Sie ihn durch ein Sieb in einen zweiten Behälter ab. Sie können die aufgebrühten Heilkräuter sogar ein zweites Mal aufgießen, so wie es in Asien mit hochwertigem Grüntee gemacht wird. Bei hochwertigen Tees befinden sich so viele Wirkstoffe in den Pflanzenteilen, dass das Wasser im ersten Aufguss gar nicht alle aufnehmen kann. Diese können bei einem zweiten Aufguss genutzt werden. Gießen Sie die abgesiebten Kräuter gleich danach ein zweites Mal auf.

Tee darf nicht kochen

Zuviel Hitze schadet den Heilstoffen. Vor allem die leicht flüchtigen ätherischen Öle verdampfen im kochenden Wasser. Die Heilstoffe sollen aber im Tee bleiben und nicht zur Küchendecke steigen. Deshalb gießen Sie den Tee nur mit **heißem Wasser** auf. Sobald es zu kochen beginnt, wird es vom Herd genommen und erst nach 3 Minuten Wartezeit über den Tee gegossen. Kanne oder Tasse gleich danach mit einem Deckel verschließen, damit alles, was trotzdem noch hochsteigt, wieder in den Tee zurückperlt.

Ziehzeiten

Getrocknete Tees benötigen etwas längere Ziehzeiten als frische. 5 bis 7 Minuten sind für die meisten Wirkstoffe optimal. Nur gerbstoffhaltige Heilpflanzen, die man z. B. zum Gurgeln benötigt, sollten mindestens 10 Minuten ziehen.

Die grüne Hausapotheke

Sie haben nun Ihre Pflanzen getrocknet oder zu Tinkturen verarbeitet. Nun besitzen Sie eine kleine Hausapotheke, mit der Sie viele Ihrer Beschwerden lindern können. Hier erfahren Sie, welche Heilpflanzen bei den verschiedenen Beschwerden eingesetzt werden können.

Selbstbehandlung oder Arzt?

Husten, Halsweh oder eine kleine Hautabschürfung ... viele Beschwerden können Sie mit Ihren eigenen Hausmitteln behandeln. Wenn Sie sich selbst behandeln und sich nach drei Tagen noch keine Besserung einstellt, dann sollten Sie unbedingt einen Arzt oder Heilpraktiker hinzuziehen. Wenn dann die richtige Diagnose gestellt ist, kann er Ihnen sagen, inwiefern Sie Heilpflanzen begleitend und unterstützend einsetzen können.

Psychische Beschwerden

Das moderne Leben des 21. Jahrhunderts ist häufig geprägt von Stress, Terminen, Leistungsdruck, Informationsflut und Existenzängsten. Deshalb haben in den letzten Jahren psychische Beschwerden zugenommen. Sie äußern sich in Nervosität, Unruhe, Erschöpfung, Schlafstörungen, Depressionen oder Ängsten. Viele dieser Beschwerden lassen sich ausgezeichnet mit Heilpflanzen behandeln. Vor allem bei leichteren Störungen ist es meist möglich, sich mit Heilpflanzen selbst zu helfen.

Neben der Behandlung mit Heilpflanzen sollten Sie auch allgemeine Maßnahmen umsetzen, die den langfristigen Erfolg sichern. Gesunde Ernährung, erholsamer Schlaf, Konflikt- und Zeitmanagement sowie Entspan-

Lavendel – der Seelentröster.

nung, Bewegung und soziale Kontakte sind wichtige Energiequellen für Ihre Seele.

Schlafstörungen, Nervosität, Erschöpfung

Die Natur liefert eine ganze Reihe von Heilpflanzen, die beruhigend, entspannend und schlaffördernd wirken. Dazu gehören vor allem Baldrian, Hopfen, Lavendel, Melisse, Linde und Kamille. Nutzen Sie die Kraft dieser Kräuter in Teemischungen oder als Tinktur. Allerdings müssen Sie bedenken, dass die behutsam wirkenden Kräuter ihre Kraft erst nach einigen Tagen Einnahme voll entfalten. Haben Sie etwas Geduld und trinken Sie den Tee mehrere Wochen lang. Keine Angst, diese Kräuter machen nicht müde, so dass Sie den Tee auch tagsüber trinken können. Lediglich der Hopfen sollte in größeren Mengen nur in den Abendstunden genossen werden. Rezeptvorschläge finden Sie auf den Seiten 28, 80 und 92. Mit den gleichen Pflanzen können Sie auch entspannende Kräuterbäder (50 g pro Vollbad) oder schlaffördernde Kräuterkissen herstellen.

Hallo-Wach-Tee

- 3 Teile Rosmarinzweige
- 2 Teile Thymianzweige
- 2 Teile Weißdornblätter

Es müssen nicht immer beruhigende Kräuter sein: Bei akuten Erschöpfungszuständen können Sie auch einmal einen anregenden, kreislaufstärkenden Tee probieren.
Tee zerkleinern und 2 TL davon in eine große Tasse geben. Heißes Wasser darüber und 7 Minuten ziehen lassen. Davon morgens und mittags eine Tasse trinken. Nicht abends, damit Ihr gesunder Schlaf nicht gestört wird. Auch der beliebte Grüntee aus Asien kann den Organismus stimulieren, weshalb er sich ebenfalls als Beimischung anbietet.

Ängste, Depressionen

Rosmarin – der Wachmacher.

Die meisten Menschen kennen depressive Verstimmungen. Sie äußern sich in Niedergeschlagenheit und Traurigkeit, die meist bald vorübergehen. Kommen jedoch Gefühle von Verzweiflung oder Hoffnungslosigkeit hinzu und dauern die Symptome über Wochen oder gar Monate an, so ist die Erkrankung ernster und deutet auf eine Depression hin. Bei einer Depression sollten Sie sich unbedingt psychologische Hilfe holen. Vorübergehende Verstimmungen und Ängste können durchaus mit Heilpflanzen gelindert werden. Die wichtigste Pflanze ist dabei das antidepressiv wirkende Johanniskraut. Seine

Johanniskraut bringt Licht ins Leben.

Wirkung steigert sich langsam bei einer regelmäßigen Einnahme über einen längeren Zeitraum. Unterstützend wirken auch Baldrian, Lavendel und Melisse sowie das Kraut der Passionsblume. Letzteres stammt aus den Tropen Südamerikas. Sie können es nicht selbst sammeln, aber in der Apotheke besorgen.

Gute Laune-Tropfen

- 30 g Johanniskraut
- 20 g Lavendelblüten
- 200 ml Rum

Da Johanniskraut als Tinktur stärker wirkt als der daraus hergestellte Tee, können Sie sich eine Tinkturmischung aus frischem Johanniskraut und Lavendel herstellen. Beide sind auch etwa zur gleichen Zeit erntereif.

Übergießen Sie die klein geschnittenen Kräuter mit Alkohol und lassen das Ganze in einem geschlossenen Glas 1 Woche ausziehen. Absieben und dreimal täglich 15 Tropfen in Tee einnehmen.

Erkältungskrankheiten

Jeder kennt Erkältungen aus eigener Erfahrung. Gemeint sind damit durch Viren hervorgerufene Infektionen der Atemwege. Das äußert sich dann meist als Halsweh, Husten, Schnupfen und Fieber. Gegen fast jede Atemwegserkrankung ist ein Kraut gewachsen und sie kann mithilfe von Tees, Tinkturen, Gurgellösungen oder Inhalationen gelindert werden.

Abwehrkräfte mobilisieren

Meist beginnen Erkältungskrankheiten langsam. Sie fühlen sich unwohl und merken, dass etwas nicht stimmt. Wenn Sie jetzt gleich reagieren, ist es möglich den Infekt noch abzuwehren. Nutzen Sie dazu Heilpflanzen, die die **Abwehrkräfte** des Körpers steigern. Dazu gehören Holunder, Linde, Roter Sonnenhut und Thymian.

Holunderblütentee wirkt Erkältungen entgegen.

Weg mit den Viren

- 3 Teile Holunderblüten
- 2 Teile Lindenblüten
- 1 Teil Thymianzweige
- 1 Teil Kamille

Tee zerkleinern und 2 TL davon in eine große Tasse geben. Heißes Wasser darüber gießen und 7 Minuten ziehen lassen. Etwas Honig dazugeben und 3-mal täglich eine Tasse trinken. Am besten ins warme Bett liegen und die Krankheit „ausschwitzen". Durch Schwitzen wird das Immunsystem angeregt. So können Sie mit diesem Tee einer drohenden Infektion Paroli bieten oder sie zumindest etwas abmildern.

Sonnenhut mobilisiert das Immunsystem.

Bronchitis und Husten

Bronchitis nennt man eine Entzündung der Atemwege. Es ist wohl die häufigste Erkältungskrankheit, die meist mit einem Hustenreiz beginnt und dann zu einer starken Verschleimung führt. Je nachdem, ob Sie einen verschleimenden Husten oder einen Reizhusten haben, müssen Sie unterschiedliche Heilpflanzen auswählen.

Dem **festsitzenden Schleim** sollten Sie mit schleimlösenden und auswurffördernden Heilpflanzen zu Leibe rücken. Dadurch wird das Abhusten erleichtert und es können sich keine Bakterien festsetzen. Zu diesen Heilpflanzen gehören Dost, Gänseblümchen, Fenchel, Holunder, Königskerze, Quendel und Thymian. Schon nach wenigen Tassen wird sich eine deutliche Linderung einstellen. Rezeptvorschläge finden Sie auf den Seiten 40, 62, 68, 70, 72, 78 und 90.

Sonnenhut für das Immunsystem

Die bekannteste Pflanze, um das Immunsystem anzukurbeln, ist der Rote Sonnenhut, häufig auch *Echinacea* genannt. Sollten Sie diese aus Amerika stammende Pflanze im Garten haben, dann können Sie aus Blüten und Blättern eine sehr wirksame Tinktur herstellen. Nicht länger als 2 Wochen einnehmen.

Reizhusten

Beim **Reizhusten** kommen andere Heilpflanzen zum Einsatz. Dieser Husten ist trocken, ohne Auswurf und meist schmerzhaft. Jeder Hustenstoß reizt die wunde Schleimhaut aufs Neue. Deshalb werden schützende und reizlindernde Heilstoffe benötigt. Diese finden sich in schleimhaltigen Pflanzen wie z. B. Malve, Linde, Klatschmohn und Spitzwegerich.

Hals-Schmeichler

- 2 Teile Linde
- 1 Teil Spitzwegerich
- 1 Teil Malvenblüten

Tee zerkleinern und 2 TL davon in eine große Tasse geben. Warmes (kein heißes!) Wasser darüber gießen und 10 Minuten ziehen lassen. Heißes Wasser zerstört die wichtigen Schleimstoffe, warten sie also nach dem Kochen 10 Minuten, bevor Sie das Wasser zugeben. Sie können den Tee mit etwas Honig süßen. Ungesüßt ist dieser Tee auch ideal als Gurgelmittel bei Entzündungen im Hals. Wenn der Hals sich wund, trocken und kratzig anfühlt, dann legen die darin enthaltenen Schleimstoffe einen wohltuenden Schutzfilm auf die schmerzenden Schleimhäute. Wenn der Hals gerötet, geschwollen und heiß ist, nutzen Sie das Gurgel-Rezept auf Seite 36.

Reizlindernd: Der Hals-Schmeichler.

Holunderblüten lindern jede Erkältung.

Schnupfen

Der Schnupfen gehört ebenfalls zu den häufigen Begleiterscheinungen einer Erkältung. Mithilfe von Heilpflanzen können Sie die Entzündung der Nasenschleimhaut deutlich abmildern. Zunächst einmal sind warme Füße besonders wichtig. Machen Sie Fußbäder mit Holunder- und Lindenblüten oder nutzen Sie eine Wärmflasche und Wollsocken. Dampfinhalationen mit Heilpflanzen befeuchten die

Warme Fußbäder unterstützen den Heilungsprozess.

Schleimhäute, erleichtern die Atmung und bringen die verstopfte Nase zum Laufen.

Nase frei

Geben Sie von dieser Mischung 4 EL in eine große Schüssel. Den Fenchel sollten Sie vorher im Mörser zerstoßen. Mit 2 Liter heißem Wasser übergießen. Nun den Kopf darüber halten und mit einem großen Handtuch zeltartig bedecken. Die Dämpfe 10 Minuten lang einatmen und anfangs nicht zu dicht über die Schüssel gehen, damit Sie sich die Nasenschleimhäute nicht verbrühen. Aus der gleichen Mischung können Sie sich auch einen „Schnupfentee" aufbrühen und über den Tag verteilt einen Liter trinken. Ein Schuss Zitronensaft sorgt für die nötigen Vitamine.

- 2 Teile Kamille
- 2 Teile Holunderblüten
- 1 Teil Fenchelsamen
- 1 Teil Thymian

Magen-Darmstörungen

Störungen des Verdauungssystems sind sehr häufig und äußern sich vielfältig. Typische Symptome sind Appetitlosigkeit, Blähungen, Übelkeit, Durchfall und Völlegefühl. Sehr häufig liegen die Ursachen in unseren Essgewohnheiten: zu viel, zu fett und zu schnell. Bei der Ursachensuche dürfen Nahrungsmittelunverträglichkeiten und -allergien nicht außer Acht gelassen werden. Glücklicherweise steht Ihnen eine große Anzahl von Heilpflanzen zur Verfügung, um Verdauungsprobleme zu lindern. Je nach Beschwerdebild lassen sie sich in verschiedene Gruppen einteilen. Daraus wählen Sie dann die entsprechenden Pflanzen für eine Teemischung aus. Rezeptvorschläge finden Sie auch auf den Seiten 44 und 52.

Appetitlosigkeit Bitterstoffhaltige Pflanzen, die die Verdauungssäfte anregen: Beifuß, Hopfen, Löwenzahn, Salbei, Schafgarbe, Tausendgüldenkraut, Wegwarte und Wermut.

Blähungen Krampflösende und entblähende Pflanzen: Fenchel, Kamille, Kümmel und Lavendel.

Magenkrämpfe Krampflösende Pflanzen: Dost, Gänsefingerkraut, Kamille, Melisse, Pfefferminze und Thymian.

Übelkeit und Erbrechen Brechreizlindernde Heilpflanzen: Kamille, Melisse, Pfefferminze und Ingwerwurzel.

Durchfall Zusammenziehende und keimhemmende Pflanzen: Blutwurz, Brombeere, Frauenmantel, Gänsefingerkraut, Kamille und Schwarztee. Daraus hergestellter Tee muss jedoch mindestens 10 Minuten ziehen, damit sich möglichst viele heilsame Gerbstoffe herauslösen. Geschmacklich ist das natürlich eine kleine Herausforderung!

Magenschleimhautentzündung Reizlindernde und entzündungshemmende Heilpflanzen: Eibisch, Malve, Melisse, Kamille, Lavendel, Ringelblume und Süßholzwurzel.

Kamille beruhigt den Magen.

Magen-Schmeichler

Tee zerkleinern und 2 TL davon in eine große Tasse geben. Heißes Wasser darüber gießen und 5 Minuten ziehen lassen. Hilfreich bei verdorbenem Magen, Übelkeit und Magenkrämpfen. 3-mal täglich eine Tasse trinken.

> 2 Teile Pfefferminze
> 1 Teil Kamille
> 1 Teil Melisse
> 1 Teil Gänsefingerkraut

Menstruationsbeschwerden

Im Zusammenhang mit dem monatlichen Zyklus treten recht häufig krampfartige Schmerzen im Unterleib auf, die oftmals bis in den Rücken ziehen. Vielfach werden die Menstruationsbeschwerden von Kopfschmerzen und Stimmungsschwankungen begleitet.

Wärme entspannt, gönnen Sie sich deshalb eine Wärmflasche oder ein warmes Sitzbad (Seite 30). Außerdem gibt es noch eine ganze Reihe frauenspezifischer Heilpflanzen mit krampflösenden und beruhigenden Eigenschaften. Sie eignen sich vorzüglich für einen „Menstruationstee“ oder eine entsprechende Tinktur: Gänsefingerkraut, Frauenmantel, Kamille, Melisse und Schafgarbe. Trinken Sie den Tee schon eine Woche vor der erwarteten Blutung. Rezepte finden Sie auf den Seiten 54 und 60.

Goldrute wirkt antibakteriell und harntreibend.

Harnwegserkrankungen

Blasenentzündungen entstehen meist durch Bakterien. Begünstigt werden sie durch Nässe, Kälte und Zugluft. Die Entzündung beginnt mit Beschwerden beim Wasserlassen. Das äußert sich meist in einem häufigen Harndrang mit schmerzhaftem Brennen.

Die Blasenentzündung gehen Sie am besten von zwei Seiten her an: Erstens werden die Harnwege mit antibakteriell wirkenden Heilpflanzen desinfiziert. Dazu gehören vor allem Bärentraubenblätter, Cranberryfrüchte und Goldrute. Zweitens sollten die Harnwege mit harntreibenden Heilpflanzen durchspült werden. Die vermehrte

Harnausscheidung verhindert eine Vermehrung der Keime und deren Anlagerung an die Schleimhäute der Harnwege. Wirksame Durchspülungspflanzen sind Birke, Brennnessel, Goldrute und Löwenzahn. Mischen Sie einen Tee, in dem beide Gruppen vertreten sind. Insgesamt sollten täglich 4 bis 5 Tassen getrunken werden. Bärentraubenblätter können Sie sich in der Apotheke besorgen. Die Einnahme von Bärentraubenblätter sollte aufgrund des hohen Gerbstoffgehaltes auf 1 Woche begrenzt werden und höchstens 5–6 mal im Jahr durchgeführt werden.

Wasser marsch!

- 2 Teile Bärentraubenblätter
- 2 Teile Birkenblätter
- 1 Teil Brennnesselblätter
- 1 Teil Goldrute
- 1 Teil Kamillenblüten

Tee zerkleinern und 2 TL davon in eine große Tasse geben. Heißes Wasser darüber gießen und 7 Minuten ziehen lassen. Bei Teemischungen, die „durchspülende Pflanzen" enthalten, ist es wichtig, dass Sie immer zusätzlich zum Tee genügend Flüssigkeit trinken. Trinken Sie täglich 4 Tassen Tee und 2 Liter Flüssigkeit, am besten Wasser. Bitte beachten: Durchspülungskuren dürfen nicht durchgeführt werden bei eingeschränkter Herz- oder Nierentätigkeit! Weitere Rezepte finden Sie auf den Seiten 48, 76 und 94. Alle Durchspülungs-Pflanzen können Sie auch zur Entgiftung und für Frühjahrskuren nutzen. Außerdem sind sie wegen ihrer stoffwechselanregenden Wirkung hilfreich bei rheumatischen Erkrankungen und Hautkrankheiten.

Wunden versorgen

Kleine Verletzungen wie Schürf- und Schnittwunden kommen im Alltag immer wieder vor. Deshalb sollten Sie zu deren Versorgung ein paar Heilpflanzenzubereitungen in der Hausapotheke haben. An erster Stelle stehen Kamille, Ringelblume und Lavendel, die alle hervorragende wundheilungsfördernde und entzündungshemmende Eigenschaften besitzen. Damit versorgte Wunden heilen sehr schnell ab. Ebenfalls hilfreich sind gerbstoffhaltige Pflanzen wie Blutwurz, die zusammenziehend wirken. Die Wunden werden mit feuchten Kompressen versorgt, entweder aus Tee oder verdünnter Tinktur. Salben sollten Sie nicht auf offene Wunden streichen, denn sie verschließen die Verletzung und fördern so die Entstehung von Keimen.

Aus getrockneten Kamillenblüten können Sie Tee, Bäder und Kompressen herstellen.

Ringelblume ist die Nummer eins der Wundheiler.

Wundheiler

- 10 g frische Kamillenblüten
- 20 g frische Ringelblumen
- 10 g Blutwurz-Wurzeln
- 200 ml Alkohol

Bereiten Sie sich aus den zerkleinerten Kräutern und dem Alkohol eine Tinktur. Gelegentlich schütteln und nach einer Woche abfiltern. Frische Pflanzen sind wirksamer, aber sie können auch getrocknete nehmen. Mit dieser Tinktur werden die Wunden gereinigt und abgetupft. Dazu muss sie verdünnt werden und zwar 2 TL Tinktur auf 1/4 Liter Kamillentee. Bei jedem Verbandswechsel wird die Verletzung erneut betupft. Für eine feuchte Kompresse tränken Sie damit einen mehrlagigen Verbandsmull und fixieren ihn auf der zu behandelnden Stelle.

Es gibt auch Pflanzen, die Sie unterwegs zur Ersten Hilfe nutzen können. Vor allem bei Insektenstichen und kleinen Schürfungen können frisch ausgequetschte Pflanzensäfte Linderung bringen. Spitzwegerich und Gänseblümchenblätter werden von alters her als „Wiesenpflaster“ verwendet. Zerreiben Sie dazu mehrere Blätter zwischen den Handflächen, bis Saft austritt, und tupfen Sie damit die betroffene Stelle ab.

Noch Fragen?

Lust auf mehr Heilpflanzen-Wissen

In diesem Büchlein gibt Ihnen Rudi Beiser einen ersten Einblick in die Welt der Heilpflanzen. Seit über 40 Jahren beschäftigt er sich bereits mit Heilpflanzen. 20 Jahre lang betrieb er eine eigene Kräutermanufaktur und gibt heute seine Erfahrung als Dozent und Buchautor weiter. Hier einige empfehlenswerte Bücher, die Sie weiter in die Welt der Heilpflanzen und Kräuter einführen.

Heilsame Salben selbst herstellen

Rudi Beiser: Öle, Cremes und Salben aus Heilpflanzen. Verlag Eugen Ulmer (2020)
Stellen Sie Ihre eigenen Salben und Cremes her! Der Heilpflanzenexperte erklärt die Methoden der Herstellung von Ölauszügen und welche für den jeweiligen Einsatzbereich optimal ist. Das Buch enthält 76 Rezepte für ganzheitliche Gesundheit aus der Naturheilkunde.

Der Weg zur optimalen Tinktur

Rudi Beiser und Helga Ell-Beiser: Heilpflanzen-Tinkturen. Verlag Eugen Ulmer (2019)
Wenige Tropfen Tinktur enthalten meist mehr Wirkstoffe als eine Tasse Tee. Das Extraktionsverfahren in 7 einfachen Schritten funktioniert mit frischen und getrockneten Pflanzen. Mit über 70 Rezepten für alle wichtigen Beschwerden, einer exklusiv für dieses Buch entwickelten Ausleitungstherapie und mit besonderen historischen Rezepten.

Die Heilkraft der Bäume und Hecken

Rudi Beiser: Baum und Mensch. Verlag Eugen Ulmer (2017)
Rudi Beiser: Geheimnisse der Hecken. Verlag Eugen Ulmer (2019)
In diesen beiden Büchern werden die wichtigsten heimischen Baumarten und Sträucher ausführlich beschrieben. Rudi Beiser unternimmt mit Ihnen eine Reise durch Kulturgeschichte, Mythen, Legenden und Brauchtum rund um die Bäume und Hecken. Außerdem erklärt er deren medizinische und kulinarische Nutzung mit zahlreichen Heil- und Genussrezepten.

Wildkräuter sammeln und genießen

Christine Schneider: Wildkräuter finden! Verlag Eugen Ulmer (2021)
Haben Sie Lust, Ihre Rezeptsammlung mit wilden Kräutern aufzupeppen? In diesem Buch finden Sie die besten Wildkräuter; mit vielen Tipps zum Sammeln und feinen, schnellen Rezepten.

Profis helfen weiter

In der Nähe Ihres Wohnortes finden Sie bestimmt Heilpflanzen-Experten, die Führungen oder Seminare anbieten. Es lohnt sich, mit Kennern in die Natur hinauszugehen und vor Ort die ersten oder neue Pflanzen kennenzulernen.
In den letzten Jahren wurden auch viele Heilpflanzenschulen gegründet, die fundierte Ausbildungen und Kurse anbieten. Sehr zu empfehlen ist die **Freiburger Heilpflanzenschule** (www.heilpflanzenschule.de).

Bildquellen

Illustrationen: Daniel Stieglitz

Umschlagfoto: Anna-Lena Holm

Aamon – fotolia.com: 17 m.r.; Alekcey/Shutterstock.com: 115; anmo/Shutterstock.com: 17 o.l.; ASchindl/Shutterstock.com: 29; Beiser, Rudi: 16 o.r., 36, 44 u., 52 u., 62, 64, 80, 103, 116 o., 124; Bellmann, Heiko/Frank Hecker: 59; benik.at/Shutterstock.com: 8; botanikfoto/Steffen Hauser: 47, 85; Christian Jung/Shutterstock.com: 119; christo mitkov christov/Shutterstock.com: 113; Claudio Divizia/Shutterstock.com: 15 o.; Colourbox.de, 17 m. r., 60; D.Kucharski K.Kucharska/Shutterstock.com: 17 o. r.; Hecker, Frank: 15 u., 16 o.l., 16 u.r., 20/21, 28 u., 30, 32, 34, 38, 39, 40 l., 40 r., 41, 43, 45, 46, 48, 53, 57, 66, 70, 71, 79, 84, 87, 90, 92, 120; hjochen/Shutterstock.com: 72; Ingrid Maasik/Shutterstock.com: 61; Irina Borsuchenko/Shutterstock.com: 95; jeka84/Shutterstock.com: 93; kanusommer/Shutterstock.com: 112; Kersti Lindstrom/Shutterstock.com: 7; Layland Masuda/Shutterstock.com: 105; Magdalena Kucova/Shutterstock.com: 98; Manfred Ruckszio/Shutterstock.com: 96; mauritius images: 17 u.l., 6, 35, 37, 42 o., 49, 50, 51, 54, 55, 66, 73, 74, 75, 77, 78, 82, 83, 94, 106, 117, 122, 123, 128/U3; Menno Schaefer/Shutterstock.com: 111; Möhrle, Bigi: 13, 23, 24, 56, 108; neil hardwick/Shutterstock.com: 17 u.r.; Photodigitaal.nl/Shutterstock.com: 4/5; photolike/Shutterstock.com: 116 u.; Redeleit, Wolfgang: 52; Schneider, Christine: 16 u.l., 26, 126; Snowbelle/Shutterstock.com: 28 o.; Stockfood/Ottmar Diez: 114; ultimathule/Shutterstock.com: 101; unpict/Shutterstock.com: 91; vaivrga/Shutterstock.com: 88; Vetter, Ina: 17 m.l.; Zoonar/Alfred Schauhuber: 19; Zoonar/Hans Pfleger: 9; Zoonar/Himmelhuber: 63, 65; Zoonar/Jörg Hemmer: 33; Zoonar/kaarsten: 89; Zoonar/Lothar Hinz: 31, 58, 69, 76; Zoonar/MaggiW: 44 o.; Zoonar/Manfred Ruckszio: 86; Zoonar/Nailia Schwarz: 81; Zoonar/Walter J. Pilsak: 68.

Haftungsausschluss
Autor und Verlag bemühen sich um aktuelle, richtige und zuverlässige Angaben. Fehler können jedoch nicht vollständig ausgeschlossen werden. Eine Garantie für die Richtigkeit der Angaben kann daher nicht gegeben werden. Haftung für Schäden und Unfälle wird aus keinem Rechtsgrund übernommen.

Bibliografische Information der Deutschen Nationalbibliothek
Die Deutsche Nationalbibliothek verzeichnet diese Publikation in der Deutschen Nationalbibliografie; detaillierte bibliografische Daten sind im Internet über http://dnb.d-nb.de abrufbar.

Wollgrasweg 41, 70599 Stuttgart (Hohenheim)
E-Mail: info@ulmer.de; Internet: www.ulmer.de
Lektorat: Ina Vetter, Helen Haas
Idee zur Buchreihe: Christine Schneider
Umschlag: siegel konzeption | gestaltung
Innenlayout: Atelier Reichert, Stuttgart
Satz: r&p digitale medien, Echterdingen
Druck und Bindung: Livonia Print, Riga
Printed in Latvia

ISBN 978-3-8186-1290-0

MIX
Papier aus verantwortungsvollen Quellen
FSC® C002795

Was hilft wobei?

Heilpflanzen besitzen ein großes Arsenal an Inhaltsstoffen. Deshalb kann eine einzelne Heilpflanze bei verschiedenen Beschwerden hilfreich sein. In dieser Übersicht können Sie sich auf einen Blick sachkundig machen und die zum Beschwerdebild passenden Pflanzen aussuchen.

Abkürzungen in der Übersicht

Harnw. Harnwegserkrankungen: Blasenentzündung, Prostatabeschwerden

Erkält. Erkältungskrankheiten: Halsweh, Husten, Schnupfen, Fieber

Frauen Frauenbeschwerden: Menstruationsbeschwerden, Wechseljahrsbeschwerden

Haut Hauterkrankungen: Verletzungen, Wunden, Akne, Hautreizungen

Psyche Psychische Beschwerden: Nervosität, Unruhe, Schlafstörungen, Depression, Ängste

Magen Verdauungsbeschwerden: Appetitlosigkeit, Magen-Darmbeschwerden, Durchfall, Übelkeit, Gallenbeschwerden

Welche Heilpflanze hilft bei welchen Beschwerden?

Heilpflanze, Seite	Harnw.	Erkält.	Frauen	Haut	Psyche	Magen
Baldrian 28					x	
Beifuß 86			x			x
Birke 94	x			x		
Blutwurz 52				x		x
Brennnessel 88	x					